3차원 가시화 오픈소스 라이브러리

VTK
프로그래밍

김영준 · 조현철 · 최진혁 공저

 일진사

VTK(Visualization Toolkit)는 Kitware사에서 제작한 가시화 라이브러리로서, 소스 코드가 공개되어 있다. VTK는 3차원 컴퓨터 그래픽스, 영상 처리, 가시화 등과 관련된 방대한 양의 기능을 제공하고 있다. 또 철저한 객체 지향적인 설계를 통해 C++ 언어로 구현되었으며, Tcl/Tk, Python, Java 등의 인터페이스를 제공한다.

오픈소스 라이브러리인 VTK는 사용자 WIKI가 활성화되어 원하면 사용자들이 직접 코드를 추가할 수도 있어 라이브러리가 계속 업데이트되고 있다. 전 세계적으로 수백 명의 개발자가 VTK 개발에 참여하여 현재 소스 코드의 수는 총 5,000,000 라인 이상이며 수십만 명의 사용자가 이용하고 있다.

한편 처음 VTK를 접하는 사람들은 그 강력하고 유용한 기능들로 인해 어려움을 겪을 수 있다. 이에, 본서에서는 C++ 및 MFC에 익숙한 사용자들이 VTK를 쉽게 사용할 수 있는 방법을 소개하고자 한다. 우리 저자들도 처음에는 VTK를 설치하는 일조차 쉽지 않아 고생한 경험이 있다. 10년 이상 VTK 프로그래밍을 사용해 온 저자들의 경험을 바탕으로 VTK 설치법에서 응용 프로그래밍까지 친절하게 기술하려고 노력하였다.

저자 씀

※ 예제 소스: https://github.com/vtk-book/example

차 례
Contents

Chapter **4** DICOM Viewer 제작 (고급 응용 프로그램 예제)

부 록

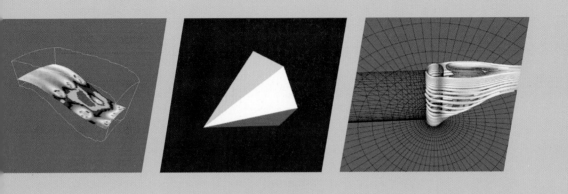

VTK 시작하기

Chapter
1

VTK 시작하기

1-1   VTK 소개

VTK 공식 홈페이지 *http://www.vtk.org/*

VTK(Visualization Toolkit)는 Kitware사에서 제작한 가시화 라이브러리로서, 소스 코드가 공개되어 있다. VTK는 3차원 컴퓨터 그래픽스, 영상 처리, 가시화 등과 관련된 방대한 양의 기능을 제공하고 있다. 그리고 철저한 객체 지향적(object-oriented) 설계를 통해 주로 C++ 언어로 구현되어 있으며, Tcl/Tk, Python, Java 등의 인터페이스를 제공한다. 특히, 오픈소스 라이브러리로 사용자 WIKI가 활성화되어 원하면 사용자들이 직접 코드를 개발할 수도 있어 라이브러리가 계속 업데이트되고 있다.

또한 VTK는 스칼라(scalar), 벡터(vector), 텐서(tensor), 텍스처(texture), 볼륨(volume) 데이터를 위한 다양한 가시화 알고리즘, 그리고 implicit modeling, polygon reduction, mesh smoothing, cutting, contouring, Delaunay triangulation과 같은 고급 모델링 기술을 제공한다. 게다가 방대한 정보 가시화 프레임워크(framework)와 다양한 3D 사용자 위젯(widget)을 보유함으로써 병렬 처리(parallel processing)를 지원하고 MFC, Qt, Tk 등의 GUI(graphic user interface)와 통합될 수 있다.

이와 같이 다양한 기능을 제공하고 있는 VTK는 cross-platform으로서, Linux, Windows, Mac, UNIX와 같은 모든 플랫폼에서 사용이 가능하다. Kitware사에서 상업용으로 개발한 소프트웨어의 오픈소스 플랫폼의 일부인 VTK는 VTK 공식 홈페이지에서 여러 버전의 라이브러리를 다운로드할 수 있고 관련 정보가 수시로 업데이트되고 있다.

본서에 포함된 모든 VTK 홈페이지 관련 그림들은 Kitware사로부터 사용을 허락받은 것임을 미리 밝혀 둔다.

VTK 기반 3차원 가시화의 예시

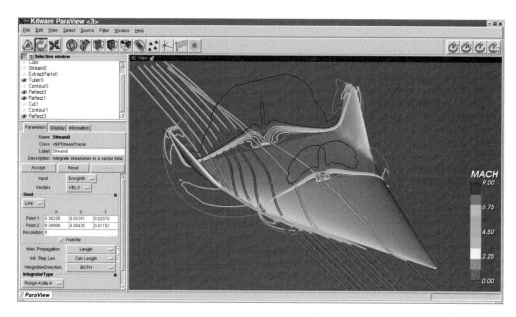

그림 1-1 **ParaView** Kitware사에서 VTK를 사용하여 개발한 3차원 데이터 가시화 전용 소프트웨어(Courtesy of Kitware, Inc.)

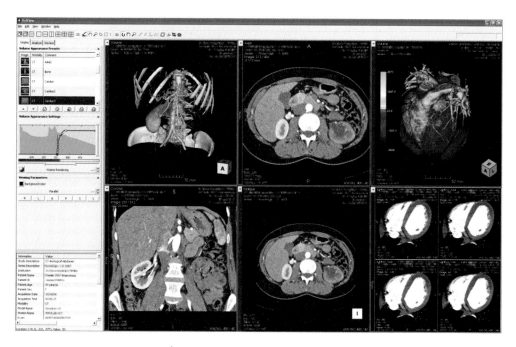

그림 1-2 **VolView** Kitware사에서 VTK를 사용하여 개발한 3차원 의료영상 가시화 전용 소프트웨어(*https:// www.kitware.com/opensource/volview.html*)

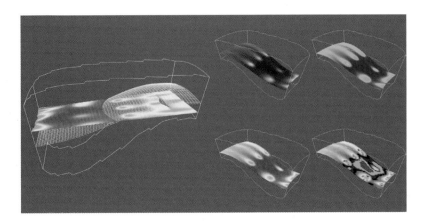

그림 1-3 가스터빈 연소실(combustor) 내 연소 과정의 3차원 가시화 Lookup table에 따라 다양한 가시화가 가능하다. VTK Textbook(저자 Schroeder, Martin, Lorensen 등)

그림 1-4 병렬 처리를 위한 데이터 세트의 예시 구형(spherical) 데이터의 각 색상으로 표현한 구역은 각기 나른 데이터 인덱스를 나타낸다.

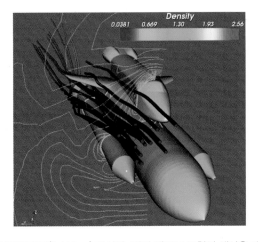

그림 1-5 스페이스 셔틀 주위의 유동(fluid flow) 가시화 컬러 맵으로 표현된 색상은 해당 지점에서의 flow density 가시화

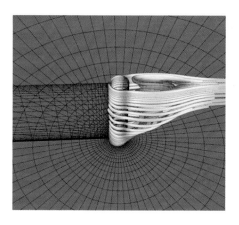

그림 1-6 Streamtube를 사용하여 나타낸 튜브 근처의 유체 흐름 가시화

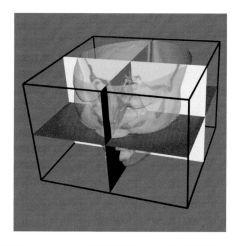

그림 1-7 피부의 iso-surface 및 절단면을 함께 가시화한 환자 CT 스캔 데이터

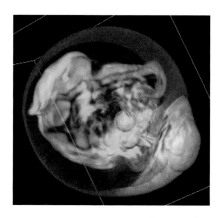

그림 1-8 초신성(supernova) 긴 파장(I=1, 2 모드 불안정)의 급속 비선형적 증가를 나타내는 3차원 볼륨 렌더링 예시 초신성의 메커니즘과 에너지/역학/현상학적 특징의 결과에 기인하는 것으로 여겨지고 있다. Courtesy of the Terascale Supernova Initiative (TSI)

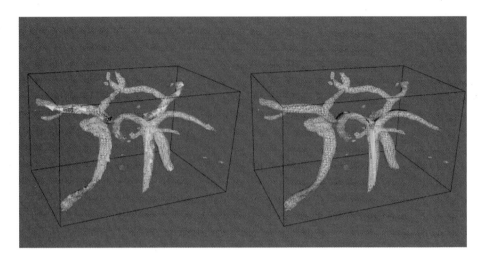

그림 1-9 인체 혈관 내 유동 해석 3차원 가시화

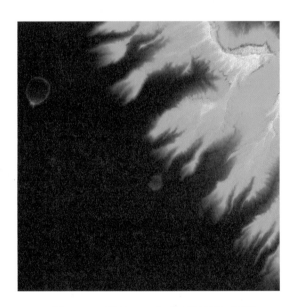

그림 1-10 지형의 고도에 따른 컬러 맵 가시화

전세계적으로 학계 및 산업계에서 VTK의 장점을 파악하고 활발하게 사용하고 있는 반면, 국내에는 아직까지 VTK에 대한 교재가 전무한 실정이다. 원서로는 두 권의 VTK 교재 "The Visualization Toolkit Textbook (4th edition)", "The VTK User's Guide (11th edition)"가 미국 Kitware사에서 출판되었지만, 이들 번역서는 국내에서 아직 출간되지 않은 상태이다. 원서에 익숙한 사용자라면 "VTK User's Guide"를 추천한다.

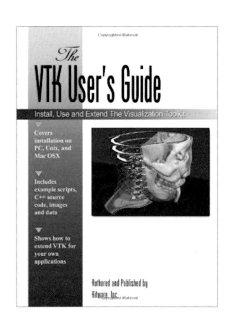

그림 1-11 Kitware사에서 출판한 VTK 서적

VTK는 강력하고 유용한 기능을 많이 제공하고 있지만 처음 접하는 사람들이 사용하기에는 쉽지 않을 수 있다. 이에, 여기에서는 C++ 및 MFC에 익숙한 사용자들이 VTK를 쉽게 사용할 수 있는 방법을 소개하고자 한다.

VTK의 설치 방법에 대해서는 부록을 참고하기 바란다. 본서의 개발 환경은 Windows 7 64bit와 Microsoft VisualStudio 2013이며, VTK 8.0.0 버전을 기준으로 집필하였다. 하지만 Windows 10이나 Microsoft VisualStudio 2015 또는 2017을 사용하여도 무방하다.

VTK의 특징 1 - 오픈소스

VTK는 어떠한 목적으로든 무료로 사용할 수 있다. VTK는 BSD 라이선스 (Berkeley Software Distribution License)로서 무료 혹은 유료 소프트웨어로 개발하여 배포할 때에 최소한의 제한을 두고 있다. 즉, VTK를 개발하여 배포하는 것에 큰 제약이 없다고 말할 수 있다. 라이선스와 관련한 자세한 사항은 BSD 라이선스 조항을 확인해 보도록 한다.

VTK의 특징 2 - 다양한 개발 플랫폼 지원

VTK는 플랫폼에 무관하게 개발과 사용이 가능하다. CMake를 사용하여 기본 소스 코드를 변형하여 빌드(build)함으로써 크로스 플랫폼(cross-platform) 소스 코드 생성이 가능하다. 다양한 운영 체제(Windows, iOS, Linux, MacOS), 컴파일러(Microsoft VisualStudio, gnu, clang, icc, pgi), 그래픽 카드(NVidia, AMD, Intel, Mesa)에서 문제없이 사용이 가능하도록 테스트되었다. VTK 6.1 이상에서는 vtkWeb 모듈을 사용하여 웹브라우저와도 호환이 가능하도록 지원되기 시작했고 계속 개발 중에 있다.

VTK의 특징 3 - 다양한 개발 언어 지원

VTK의 코어 함수들은 C++를 사용하여 효율성을 극대화하여 개발되었다. 이러한 코어 함수들는 다양한 개발 언어로 변환되어 더욱 많은 사용자가 이용 가능하도록 한다. 현재로서는 VTK의 빌드 시스템은 Cxx, Java, Python, Tcl을 주로 지원하며, Ada와 C#으로도 확장이 가능하다.

```
Cxx
vtkPolyDataMapper *cylinderMapper = vtkPolyDataMapper::New();
cylinderMapper->SetInputConnection( cylinder->GetOutputPort() );
```

```
Java
vtkPolyDataMapper cylinderMapper = new vtkPolyDataMapper();
cylinderMapper.SetInputConnection( cylinder.GetOutputPort() );
```

```
Python
cylinderMapper = vtk.vtkPolyDataMapper()
cylinderMapper.SetInputConnection( cylinder.GetOutputPort() )
```

```
Tcl
vtkPolyDataMapper cylinderMapper
cylinderMapper SetInputConnection [ cylinder GetOutputPort ]
```

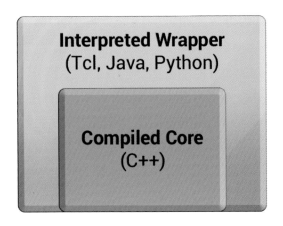

그림 1-12 VTK wrapping process를 통한 개발 언어 확장성

▷ VTK의 특징 4 − 데이터 모델

VTK의 핵심 데이터 모델은 이 세상에 존재하는 거의 모든 데이터를 표현할 수 있다. 주요 데이터 세트(dataset) 클래스들은 다음과 같다. [vtkImageData, vtkRetilinearGrid, vtkStructuredGrid, vtkPolyData, vtkUnstructuredGrid(유한 요소 메시)]. 자세한 데이터 세트에 대한 설명은 본서의 2-1절에서 다루기로 한다.

VTK가 지닌 또 하나의 장점은 수많은 파일 입출력 기능을 제공한다는 점이다. VTK의 대표적인 파일 입출력 기능은 다음과 같다.

- VTK 포맷(XML 포맷 포함)
- DICOM 읽기
- JPG, PNG, TIFF
- PLOT3D
- PLY
- Delimited Text
- OpenFOAM
- XDMF를 통한 HDF5
- STL
- Postscript, PDF, SVG 쓰기
- 3D Studio 읽기
- X3D, VRML
- OBJ

▷ VTK의 특징 5 – 가시화

VTK 응용 소프트웨어는 주로 vtkAlgorithm들을 연결하여 개발된다. 각각의 알고리즘(또는 VTK 필터)은 데이터 세트를 입력받아 해당 알고리즘으로 새로운 데이터를 만들어낸다. 이렇게 연결된 필터들은 데이터 플로우 네트워크를 형성한다. VTK는 불필요한 메모리 사용을 방지하기 위하여 reference counting을 사용하며, 마찬가지로 불필요한 계산을 방지하기 위하여 설계되었다. 모든 알고리즘은 필터의 연결성을 보장하기 위하여 타입이 확실하게 체크되어 연결된다. VTK는 vtkAbstractMapper부터 vtkXMLWriter에 이르기까지 수백 가지의 알고리즘이 구현되어 있다.

다음은 N-차원의 데이터를 가시화하는 대표적인 알고리즘들이다.

- **스칼라(N=1) 알고리즘** : color mapping, carpet plots, iso-contouring, thresholding
- **벡터(N=3) 알고리즘** : hedgehogs, steamlines, displacement plots
- **텐서(N=6) 알고리즘** : tensor ellipsoids, tensor glyphs, hyper-streamlines

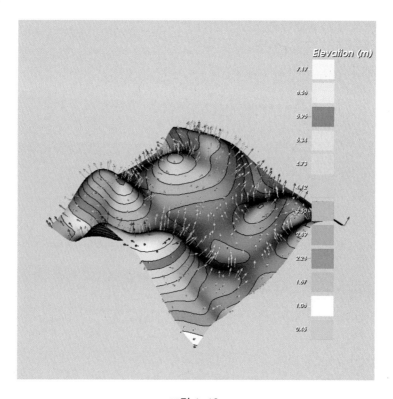

그림 1-13

⫸ **VTK의 특징 6 –** 모델링

모델링 알고리즘들은 형상 모델을 다루는 알고리즘으로서, 이러한 형상을 변경시키는 기능들은 입력받은 정보를 더욱 시각적으로 이해하기 쉬운 형태로 만들어, 실제 가시화 문제에 있어 매우 유용하게 사용될 수 있다.

대표적인 기능들은 다음과 같다.

- implicit modeling
- decimation
- Boolean mesh operations
- cutting and clipping
- normal generation
- interactve 3D splines
- appending, merging, cleaning
- smoothing
- 2D & 3D Delaunay triangulation
- surface reconstruction

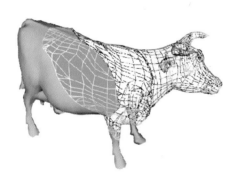

그림 1-14

⫸ **VTK의 특징 7 –** 영상 처리

가시화의 관점에서 영상 처리는 2차원 혹은 3차원 영상의 정보를 다루어 여러 처리 과정을 통해 결과를 개선하고 해석하기 위한 목적으로 이루어진다. VTK는 많은 영상 처리 필터를 제공하고 있으며, 대부분은 멀티스레드화(multi-thread)되고, 관심 영역별로 스트리밍화되어 처리될 수 있다.

영상 처리에 특화된 오픈소스 라이브러리는 ITK(Insight Segmentaiton and Registration Tookit)가 있다. VTK와 사용법이 비슷하며 강력하고도 방대한 영상 처리 기법에 대한 솔루션을 제공하고 있으므로, 관심 있는 독자들은 참고하길 바란다(*http://itk.org/*).

대표적인 VTK의 영상 처리 기능은 다음과 같다.

- diffusion
- Butterworth, low-pass, high-pass 필터
- dilation, erosion, skeleton
- convolution
- 수학 연산: difference, arithmetic, magnitude, divergence, gradient, mean
- Fourier(FFT, RFFT), Gaussian, Sobel
- histogram
- anisotropi diffusion
- flip, permute, resample, resliced, pad
- blending
- volume rendering

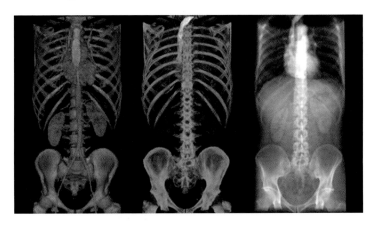

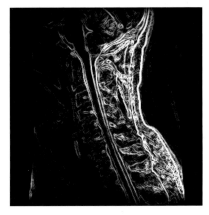

그림 1-15

⁙ VTK의 특징 8 – 3차원 그래픽스

　　VTK 시스템의 그래픽 라이브러리(주로 OpenGL 라이브러리)에 렌더링 추상 레이어(rendering abstract layer)를 추가하여 구현되었다. VTK의 그래픽 시스템은 주로 과학적 데이터의 서피스(surface)를 생성하거나 볼륨 렌더링(volume rendering)하는 기능을 한다. 하지만, VTK에는 이외에도 수많은 강력한 가시화 기능을 지원한다.

- **서피스 렌더링(surface rendering)**
  - point, cell, actor 레벨의 명시적 컬러 및 데이터 값에 따른 컬러 매핑 제어
  - depth peeling 기반의 투명도 제어
  - shadow 매핑
- **볼륨 렌더링**
  - ray casting 기반 소프트웨어 구현 기법
  - 텍스처 기반 하드웨어 구현 기법
  - 볼륨 렌더링과 서피스 기하정보 복합 렌더링
- **그래픽 모델**
  - 장면(scene)의 조명 제어
  - 시점(viewpoint)을 포함한 카메라 제어
  - 서피스와 볼륨 렌더링 데이터를 장면으로 연결하기 위한 액터(actor)와 매퍼(mapper)
  - 대용량 데이터의 인터랙티브(interactive)한 뷰 컨트롤을 위한 level-of-detail(LOD) 자동 및 수동 생성(LOD Actor)
  - 임의의 계층 구조(hierarchy)를 가진 그룹 액터의 그룹화(assembling)
  - 기하 정보(geometry)와 연결 정보(topology)를 가시화 파이프라인(pipeline)에 정의하기 위한 매퍼
  - 이상의 과정들을 종합하여 화면(window)에 뿌려 주기 위한 렌더러(renderer)
- **주석 표시(annotation)**
  - 2차원 및 3차원 텍스트 표시
  - 설정 가능한 scalar bar
  - $x-y$ 그래프 표시
  - 오버레이(overlay) 평면
  - 뷰(view)/렌더러 구조를 확장할 수 있는 3D 위젯
- **그 외 특수 기능**
  - 다중 윈도우/뷰포트(viewport)
  - 다양한 스테레오(stereo) 출력 드라이버

- 모션 블러(motion blur), 포컬 블러(focal blur)
- 래스터(raster; 예 png, jpeg, tiff, bmp, ppm) 및 벡터(vector; 예 ps, pdf) 포맷 출력

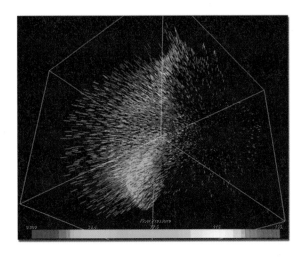

그림 1-16

▷ VTK의 특징 9 – 2차원 그래픽스

  VTK는 데이터에 대한 양질의 그림을 그리는 것 이상을 할 수 있다. 시작하는 단계에서는 데이터에 대한 인터랙티브한 정보를 제공하는 피킹(picking) 혹은 선택(selection)을 할 수 있다. MPI 확장이 가능한 통계 분석 알고리즘을 자체 보유하고

있으며, 파이썬이나 R과 같은 외부 언어와 연동도 가능하다. 또한 VTK는 쉽게 정보를 전달할 수 있는 2차원 차트 기능을 지원하고 있다.

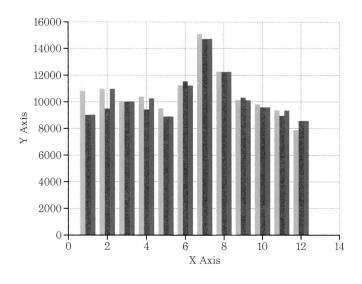

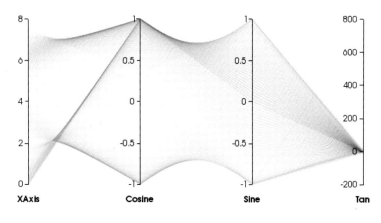

그림 1-17

대표적인 주요 차트 관련 클래스는 다음과 같다.

- vtkTable : 대부분의 테이블 데이터 표현
- vtkContextScene : 차트와 2차원 주요 항목들의 관리
- vtkChart : 그래프가 그려질 컨텍스트 장면(context scene)과의 연결
- vtkPlot : 그래프를 차트 영역에 그리기 위한 클래스들(예 pie, histogram, line 등)의 집합
- vtkImageItem : 컨텍스트 장면에 vtkImageData를 표시

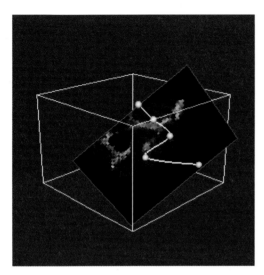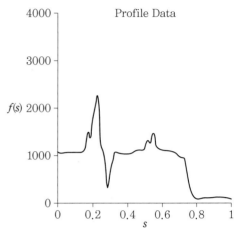

그림 1-18

VTK의 특징 10 – 사용자 인터랙션

데이터를 화면에 표시하는 것도 중요하지만, 데이터를 인터랙티브하게 다룰 수 있게 되면, 그 형태와 의미를 보다 잘 파악할 수 있기 때문에 더욱 유용할 것이다. vtkRenderWindow의 하위 클래스들은 다양한 OS 및 GUI 툴킷들에 연동되는 통합된 인터페이스를 제공한다. VTK의 low-level 이벤트 시스템은 OS로부터 사용자의 피드백을 받아 플랫폼과 무관한 high-level의 인터랙터(interactor)와 위젯 클래스로 넘겨준다.

사용자 인터랙션과 GUI는 다음의 특징을 갖는다.

- Windows, Qt, FLTK, Tcl/Tk, Python/Tk, Java, X11, Motif, Cocoa, Carbon을 포함한 다양한 윈도윙 시스템과의 매끄러운 연결성
- 카메라와 오브젝트의 트랙볼, 조이스틱 모드와 같은 다양한 인터랙션 스타일 기능
- 독립적으로 사용자 변경(customize) 가능한 점, 선, 곡선, 평면, 박스, 구, scalar bar, 이미지 평면(image plane) 등의 다양한 3차원 위젯 기능(그림 1-19 참조)
- 마우스를 이용한 장면 및 데이터 확인용 피킹 및 선택 기능
- 각 객체(object)를 관리하기 위한 커맨드(command)/옵서버(observer) 이벤트 처리 기능, event/invoke callback
- 복잡한 이벤트 관리를 위한 우선순위 및 취소 기능 허용

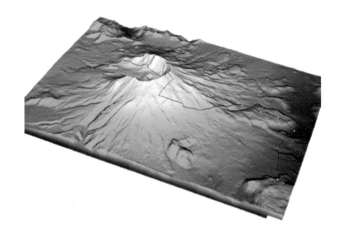

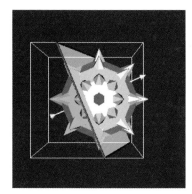
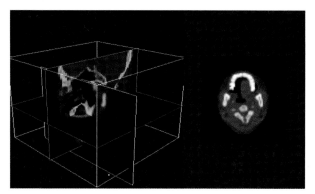

그림 1-19

▷ VTK의 특징 11 – 병렬 프로세스

ParaView의 예에서 보듯이, VTK는 MPI 기반 분산 메모리 병렬처리 기능을 지원
한다. VTK는 클러스터(cluster) 또는 고성능 컴퓨팅(HPC) 머신의 많은 노드들의 통
합 메모리를 활용하며 초고해상도 데이터 세트의 처리 및 가시화를 가능하게 한다.

VTK는 또한 병렬 처리를 위한 멀티스레드(multi-thread)를 지원하여, 대부분의
최신 기에서 사용이 가능한 여러 CPU로 작업을 분산하여 동시 계산을 고속으로 수
행할 수 있게 한다. 스레드화된 영상 필터는 수년 전부터 지원되어 왔으며, 비구조
화 데이터(unstructured data)의 병렬 처리는 VTK 버전 6.1부터 지원되어 급속도
로 발전되고 있다.

또한 VTK는 널리 사용이 되고 있는 GPU 기반의 병렬 처리를 지원한다. VTK는
미국 LANL(Los Almos National Lab)의 vtkPiston 및 Sandia 연구소의 vtkDax
인터페이스(VTK 버전 6.0 및 6.1)에서 병렬 처리 가속화 기능이 탑재되었다. VTK
버전 8.0에서는 GPU와 멀티 프로세서 지원 기능이 강화된 VTK-m이 포함되었다.

VTK 활용 개발 소프트웨어 소개

다음 그림들은 저자들이 VTK와 MFC를 활용하여 개발한 3차원 의료용 소프트웨어의 예시이다. 물론 다음과 같은 3차원 소프트웨어를 개발하기 위하여서는 다년간의 축적된 기술이 필요하겠지만, 기본적으로는 본서에서 설명하고 있는 기술을 바탕으로 개발된 소프트웨어들이므로 VTK의 강력한 3차원 가시화 기능을 엿볼 수 있을 것이다.

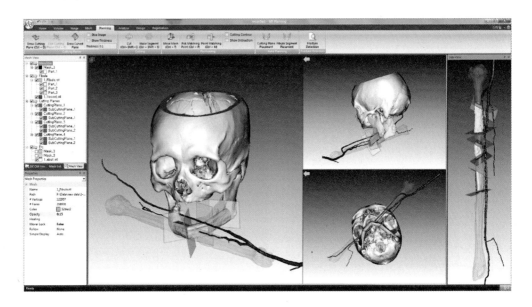

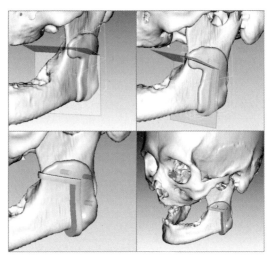

그림 1-20 저자들이 VTK를 사용하여 개발한 3차원 악안면 수술 계획 및 3차원 프린팅 모델 설계 소프트웨어
턱뼈 재건을 위한 최적의 수술 방법 선택 및 계획을 통해 수술의 안전성을 확보하고 성공률을 높임.
미리 소프트웨어에서 계획한 대로 정확하고 간편하게 뼈를 절제하기 위한 수술 가이드를 손쉽게 3차원 모델링하는 기능 제공.

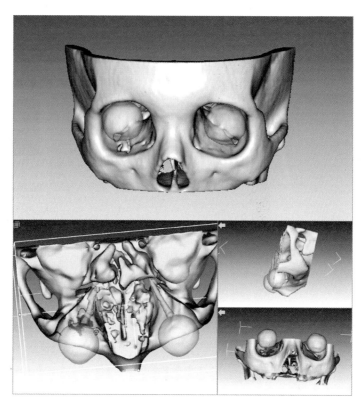

그림 1-21 3차원 안와골절 수술 진단 및 분석 소프트웨어 안와골절 부위를 3차원적으로 진단하고 분석하며, 안와골절 재건을 위한 환자별 맞춤형 3차원 플레이트를 설계.

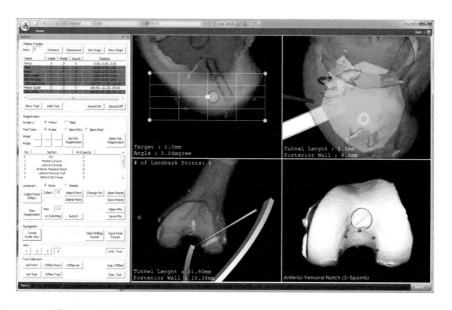

그림 1-22 3차원 무릎 수술 내비게이션 소프트웨어 무릎 수술 시, 현재 수술 도구의 위치와 미리 계획된 최적의 수술 경로를 함께 보여 주는 수술 가이드 기술.

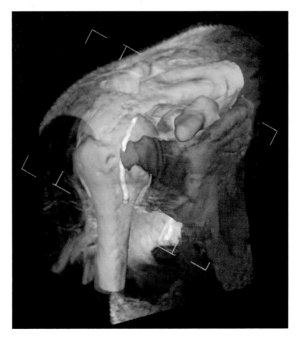

그림 1-23 3차원 어깨 수술 계획 소프트웨어 어깨 관절 뼈와 근육의 복합 가시화(볼륨 렌더링+메시 렌더링), 회전근개 파열 양상을 3차원적으로 확인.

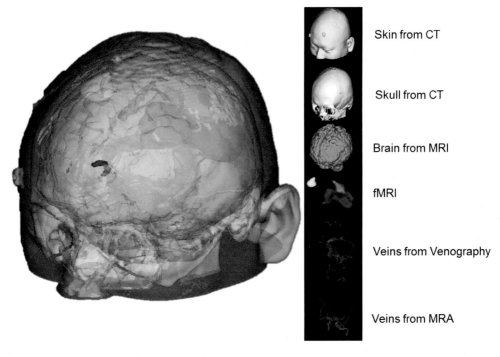

Skin from CT

Skull from CT

Brain from MRI

fMRI

Veins from Venography

Veins from MRA

그림 1-24 Multi-modality 의료 영상 정합(registration) 뇌 수술의 안정성을 높이기 위해 다양한 방법으로 촬영한 의료 영상들을 한 좌표계로 일치시켜 가시화.

1-2 예제 코드 실행하기

부록 1을 참고하여 VTK의 설치를 완료하였으면 먼저 VTK가 제공하는 예제 코드를 살펴보도록 하자. VTK 설치를 위한 CMake 세팅 시, "BUILD_EXAMPLES" 옵션을 선택하였으면 VTK의 예제 코드들이 설치된다. 설치된 예제 코드의 경로는 ~cmake-bin\Examples 폴더에서 확인할 수 있다(예 D:\SDK\vtk-8.0.0\cmake-bin\Examples). 우선, VTKExample.sln 파일을 실행한다.

다음 그림과 같이 다양한 VTK 예제 프로젝트들이 있으며, 각각의 소스 코드를 확인할 수 있다.

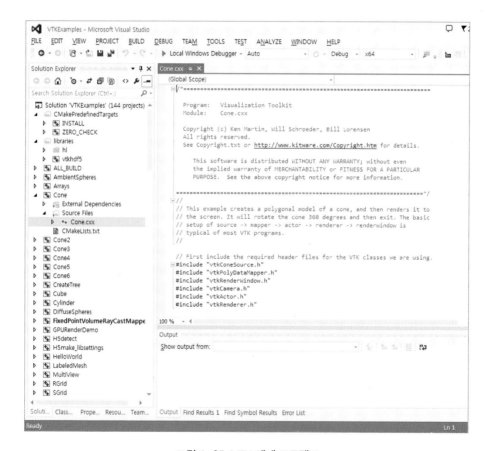

그림 1-25　VTK 예제 프로젝트

우선, Tutorial 폴더에 있는 Cone 프로젝트를 살펴보자. 간단한 원뿔의 polygon 모델을 생성하고 이를 가시화하는 예제이며, 카메라를 for loop를 돌며 360° 회전한 후 종료한다.

그림 1-26 VTK 예제 프로그램 중 Cone 프로젝트의 시작 프로젝트 설정

Solution Explorer에서 "Cone" 프로젝트를 찾아 오른쪽 클릭하여 "Set as StartUp Project"로 설정한 후 빌드하고, 실행(F5)해 보자. 실행하게 되면 그림 1-27에 보인 것과 같은 화면이 나타날 것이다. Cone 프로젝트는 ~cmake-bin₩Examples₩ Tutorial 폴더에 소스 코드가 있으며, Step 1부터 Step 6까지 단계적으로 VTK의 간단한 기능들을 배워볼 수 있도록 준비되어 있다. Cone 1 프로젝트 이외에도 Cone 1~Cone 6 프로젝트를 선택하여 빌드하고 테스트해 보길 바란다.

자세한 코드 설명은 2-2절에서 다루기로 한다.

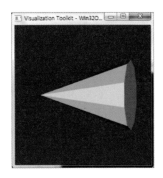 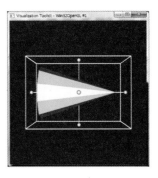

Step 1　　　　　　　　　　Step 6

그림 1-27 VTK 예제 프로젝트 중 Cone과 Cone6 실행 결과

VTK에 설치된 예제 코드 이외에도 무수한 VTK 예제들과 사용자 포럼 및 튜토리얼(tutorial)을 인터넷상에서 찾을 수 있으며, 대표적인 사이트는 다음과 같다.

(1) Public Wiki, VTK Tutorials, https://itk.org/Wiki/VTK_Online_Tutorials

: vtk 기본 이론 및 튜토리얼에 대한 VTK의 Public Wiki

(2) MarkMail, http://markmail.org/

사용자들이 질문과 답변을 서로 주고받는 사이트로서 지금까지 수많은 포스팅이 올라와 있다. 필자가 VTK 문제 해결 시, 구글 검색과 더불어 자주 사용하는 사이트 이다.

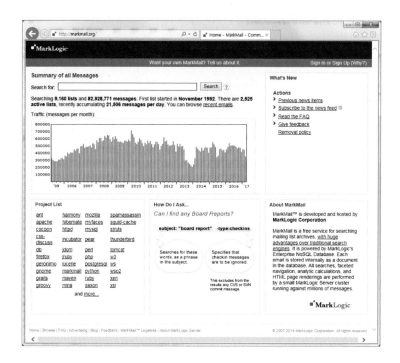

(3) Boston University, Information Service & Technology,

http://www.bu.edu/tech/support/research/training-consulting/online-tutorials/ vtk/

(4) John T. Bell, Visualization Toolkit Tutorial,

http://www.cs.uic.edu/~jbell/CS526/Tutorial/Tutorial.html

2 >> VTK 이론

Chapter

2

VTK 이론

VTK는 가시화를 위한 라이브러리로서, 스칼라(scalar), 벡터(vector), 텐서(tensor) 값들을 시각화하여 표현하기에 적절한 방대한 기능을 제공한다. VTK에는 폴리곤 메시(polygon mesh) 처리, 영상 처리, 볼륨 데이터 가시화와 같은 주요 컴퓨터 그래픽스 기술들이 구현되어 있으며, 사용자가 임의의 새로운 기능을 추가할 수도 있다. 또한 부가적인 기능으로서 병렬 처리, 스테레오 기능, 이벤트 처리, 3차원 위젯(widget) 등을 지원한다. C++로 개발된 VTK의 클래스들은 Motif, Qt, Tcl/Tk, X11, MFC 등의 여러 개발 환경과 쉽게 통합될 수 있다. 특히, 서피스 렌더링(surface rendering), 볼륨 렌더링(volume rendering), 조명 및 카메라, 텍스처 매핑(texture mapping) 등과 같은 3차원 그래픽스 기술을 사용하기에 적합하다.

표 1 VTK의 장단점

장 점	단 점
무료의 오픈 소스	클래스의 계층 구조가 매우 크고 복잡함
S/W 개발기간 단축	익숙해지는 시간이 오래 걸림
객체 지향형 클래스 구조	VTK 자체의 문제점 발생 시 해결이 어려움
방대한 양의 최신 그래픽 기술이 구현됨	
전세계적으로 사용자가 많음	
활발한 사용자 포럼 및 Q/A	
상용 자문 서비스 이용 가능 (미국, Kitware co.)	

2-1 VTK의 기본 객체

VTK에서 다루는 가장 일반적인 형태의 데이터는 데이터 객체(data object)이다. 데이터 객체는 가시화 파이프라인(visualization pipeline)에 의해 처리되는 데이터를 일컫는다. 체계화된 구조(structure)와 관련된 데이터 속성(data attribute)을 가진 데이터 객체는 데이터 세트(dataset)를 형성한다. VTK의 대부분의 알고리즘 또는 처리 객체(process object)는 데이터 세트에 적용된다.

데이터를 위한 구조는 위상(topology)과 형상(geometry)의 두 가지로 구성된다. 위상은 특정한 형상 변형(geometric transform)에도 변하지 않는 속성의 집합이다. 형상 변형의 예시로는 회전(rotation), 이동(translation), 비균일 스케일링(non-uniform scaling) 등이 있다. 형상은 위상의 한 가지 상태로서 3차원 특정 위치 정보를 표현한다. 예를 들어, 어떤 다각형을 "삼각형"이라고 하면 이것은 위상을 말하며, 각 세 점의 3차원 위치를 정하여 주면 이는 형상 정보를 포함한다.

데이터 속성은 형상 및 위상에 관련된 부차적 정보를 지칭한다. 예를 들어 한 점에서의 색상 값은 해당 데이터의 속성이 된다.

VTK에서 데이터 세트에 대한 모델은 셀(cell)과 점(point)으로 가정한다. 셀은 위상을 나타내며, 점은 형상을 표현한다. 일반적인 데이터 속성은 스칼라, 벡터, 텍스처 좌표(texture coordinates), 텐서 등을 포함한다.

(1) 데이터 객체

데이터 세트는 구조와 속성을 가진다. 구조는 위상과 형상 속성을 가지고 있으며, 하나 또는 복수의 점과 셀로 구성된다. 데이터 세트의 종류는 자료 구조로부터 결정되며, 셀과 점의 관계를 정의한다. VTK의 일반적인 데이터 세트의 종류를 그림 2-1에 보였다.

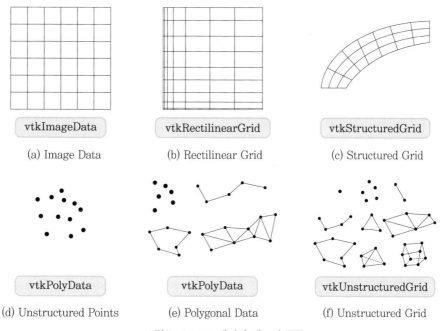

vtkImageData	vtkRectilinearGrid	vtkStructuredGrid
(a) Image Data	(b) Rectilinear Grid	(c) Structured Grid

vtkPolyData	vtkPolyData	vtkUnstructuredGrid
(d) Unstructured Points	(e) Polygonal Data	(f) Unstructured Grid

그림 2-1 VTK 데이터 세트의 종류

데이터 세트는 구조의 규칙성에 따라 규칙적(regular) 데이터 세트와 불규칙적(irregular) 데이터 세트로 나뉜다. 규칙적 데이터 세트는 구성하는 점과 셀의 관계에 단일의 수학적 관계가 존재한다. 셀의 위상 관계가 규칙적이면, 데이터 세트의 위상은 규칙적이다. 불규칙적 데이터 세트는 더 일반적인 데이터를 표현할 수 있으나, 더 많은 메모리와 계산 자원을 필요로 하는 경향이 있다.

● **다각형(Polygon) 데이터: vtkPolyData**

다각형 데이터는 정점(vertex), 선(line), 다각형, 삼각형 스트립(triangle strip) 등으로 구성된다. 다각형 데이터의 위상과 형상은 불규칙적이다.

점, 선, 다각형은 각각 0차원, 1차원, 2차원 형상을 표현하는 최소한의 세트를 형성한다. 또한 polyvertex, polyline, 삼각형 스트립이 편의성, 간결성, 성능을 위하여 포함되었다. 예를 들어, 삼각형 스트립을 사용하면 n개의 삼각형을 표현하기 위하여 $n+2$개의 점만을 사용하면 되므로, $3n$개의 점을 사용하는 일반적인 방법보다 유리하다. 참고로, 많은 그래픽 라이브러리들이 삼각형을 표현할 때 삼각형 스트립을 사용하여 속도 향상 효과를 얻고 있다.

● **영상(Image) / 볼륨(Volume) 데이터: vtkImageData**

영상 데이터 세트(image dataset)는 규칙적, 사각형 격자 형태의 점과 셀의 집합이다. 격자의 행(raw), 열(column), 평면(plane)이 $x-y-z$ 좌표계와 평행하다. 2차원 면 위에 점과 셀이 배열된 데이터 세트를 영상이라고 일컬으며, 2차원 면이 여러 장 쌓여 구성된 데이터 세트를 볼륨이라고 한다. 영상 데이터는 2차원 영상, 볼륨, 1차원 점의 배열을 종합적으로 지칭할 수 있다. 혹자는 영상 데이터를 균일 격자(uniform grid) 또는 구조화된 점군(structured point)으로 표현하기도 하였다.

영상 데이터는 직선 요소(line element) : 1D, 픽셀(pixel) : 2D, 복셀(voxel) : 3D로 구성된다. 영상 데이터는 형상과 위상이 규칙적이며, implicit하게 표현될 수 있다. 즉, 데이터 표현을 위하여 데이터 차수(dimension), 원점(origin point), 간격(spacing)만을 필요로 한다. 데이터의 차수는 (n_x, n_y, n_z)와 같이 x, y, z 방향의 점 개수를 나타내는 벡터로 표현된다. 원점은 3차원 공간상의 최소 $x-y-z$ 점이다. 각 영상 데이터 세트의 픽셀(2D) 혹은 복셀(3D)은 공간의 독립적 요소이며, 간격은 $x-y-z$ 방향의 길이를 나타낸다.

영상 데이터 세트의 위상 및 형상의 규칙적인 특성은 $i-j-k$ 좌표계를 사용할 수 있도록 한다. 데이터 세트의 점 개수는 $n_x * n_y * n_z$이며, 셀의 개수는 $(n_x -$

$1)*(n_y-1)*(n_z-1)$이다. 특정 점 또는 셀은 3개의 $i-j-k$ 인덱스를 명시함으로써 선택할 수 있다. 유사한 방법으로, 선분은 3개 중 두 개의 인덱스로 표현되며, 평면은 한 개의 인덱스로 표현된다.

영상 데이터의 장점은 표현의 간결성과 집약성으로, 검색과 데이터의 계산에 효율적인 구조를 갖는다. 이러한 이유로, 영상 데이터는 다각형 데이터 (polygonal data)와 더불어 가장 널리 사용된다. 영상 데이터의 가장 큰 단점은 이른바 "차수의 저주(curse of dimensionality)"이다. 더 큰 데이터 해상도 (resolution)를 얻기 위하여서는 데이터 세트의 차수를 증가시켜야만 한다. 차수의 증가는 2차원 영상의 경우 $O(n^2)$, 볼륨의 경우 $O(n^3)$의 메모리 증가를 필요로 한다. 그러므로, 작은 분해능을 얻기 위하여서는 최대한 많은 메모리와 디스크의 저장 공간이 요구될 수 있다.

영상 데이터 세트는 영상 촬영과 컴퓨터 그래픽스 분야에 자주 사용된다. 볼륨 데이터는 Computed Tomography(CT)와 Magnetic Resonance Imaging(MRI)과 같은 의료 영상 기술로부터 얻게 된다.

● 직선형 격자(Rectilinear Grid) 데이터

직선형 격자는 규칙적인 격자상의 점과 셀로 구성된다. 격자의 행, 열, 평면은 $x-y-z$ 좌표계와 평행하다. 직선형 격자의 위상은 규칙적이지만 형상은 부분적으로 규칙적이다. 즉, 각 점들은 좌표축과 나란히 위치하지만 점들 사이의 간격은 변할 수 있다.

● 구조화 격자(Structured Grid) 데이터: vtkStructuredGrid

구조화 격자는 규칙적 위상과 불규칙적 형상을 가진 데이터 세트이다. 각 셀들이 겹치지 않는 형태로 격자 형태가 휘어질 수 있다. 구조화 격자를 구성하는 셀들은 사변형(2D) 또는 육면체(3D)이다. 영상 데이터와 유사하게, 구조화 격자는 $i-j-k$ 좌표계를 사용하여 특정 점 또는 셀을 명시할 수 있다. 구조화 격자는 유한 차분법(finite difference analysis)에서 자주 사용된다. 구조화 격자의 주요 응용 분야는 유체 흐름, 열전달, 연소 등이다.

● 비구조화 격자(Unstructured Grid) 데이터: vtkUnstructuredGrid

가장 일반적인 데이터 세트의 유형은 비구조화 격자로서, 위상과 형상이 모두 정형화되지 않는다. 어떠한 셀의 형태도 임의로 비구조화 격자에 조합될 수 있다. 따라서, 셀의 위상이 0차원[예 정점(vertex), 복수점(polyvertex)]으로부터

3차원(예 사면체, 육면체, 복셀)에 이를 수 있다. VTK의 모든 데이터 세트 유형은 비구조화 격자로 표현될 수 있다. 하지만, 이 데이터 세트는 메모리와 계산을 위한 자원을 가장 많이 필요로 하기 때문에 꼭 필요한 경우에만 사용하도록 한다. 비구조화 격자는 유한 요소 분석(finite element analysis), 계산 기하 모델링(computational geometric modeling)에서 자주 사용된다. 유한 유소 분석의 적용 분야는 구조 설계, 진동, 동력학, 열전달 등이다. 유한 요소 분석의 장점 중 하나는 정규화된 위상이 없으므로 복잡한 영역도 쉽게 메시(mesh)로 표현할 수 있다는 것이다.

(2) 처리 객체(process object)

처리 객체는 입력 데이터를 처리하여 출력 데이터를 생성한다. 처리 객체는 입력으로부터 새로운 데이터를 생성하거나 새로운 형태로 변환시킨다. 예를 들어, 처리 객체는 압력 분포로부터 압력 변화도(gradient)를 생성하거나, 특정 값에 대한 등압선으로 변환된 형태로 출력할 수 있다. 처리 객체는 소스(source) 객체, 필터(filter) 객체, 매퍼(mapper) 객체로 나누어 설명할 수 있다. 이는 각 객체가 데이터 가시화를 시작하고, 관리하고, 종료하는 역할에 따라 분류된다.

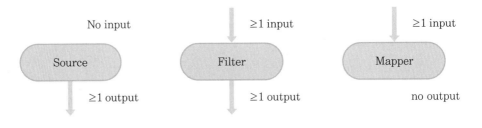

그림 2-2 VTK의 처리 객체

- **소스 객체**(예 vtkReader, vtkSphereSource)

데이터를 외부에서 입력 받거나 새로 생성함으로써 준비되는 객체이다. 소스 객체는 외부의 데이터 소스를 연결시키거나 지역 파라미터로부터 데이터를 생성한다. 외부 데이터와 연결되는 데이터 소스를 읽기(reader) 객체라고 한다. 외부 파일은 읽고 VTK 내부 형태에 맞게 변환되어야 하기 때문이다. 소스 객체는 외부 데이터 통신 포트나 장치와도 연결될 수 있다. 가능한 예시로는 온도, 압력, 또는 물리적 상태를 측정하기 위한 시뮬레이션이나 모델링 프로그램 혹은 데이터 수집 시스템이 있다.

● **필터 객체**(⑩ vtkContourFilter)

　필터 객체는 소스 객체 또는 이전 필터 객체의 결과물이 입력되어 새로운 결과물을 산출할 수 있도록 하는 객체이다. 필터 객체는 하나 또는 그 이상의 입력 데이터를 필요로 하며 하나 또는 그 이상의 출력 데이터를 생성한다. 필터 객체는 지역 파라미터에 의해 제어된다.

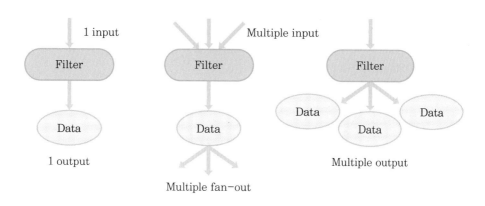

그림 2-3　필터 객체의 예시

● **매퍼 객체**(⑩ vtkPolyDataMapper)

　매퍼 객체는 소스 객체 혹은 필터 객체의 결과물을 렌더링할 수 있도록 연결한다. 매퍼 객체는 하나 또는 그 이상의 입력 데이터를 필요로 하며 가시화 파이프라인 데이터 흐름을 종료시킨다. 일반적으로 매퍼 객체는 데이터를 그래픽 요소로 변환하지만, 파일로 저장하거나 다른 소프트웨어 시스템 내지 장치에 연결하는 기능을 담당하기도 한다. 파일로 출력하는 매퍼 객체를 쓰기(writer) 객체라고 한다.

2-2　VTK의 가시화 파이프라인

　가시화 파이프라인은 가시화하고자 하는 정보를 그래픽 데이터로 변환하는 일련의 과정이다. 즉, 2-1절에서 설명한 소스, 필터, 매퍼 등의 객체가 연결되어 다음 그림처럼 화면에 디스플레이되는 과정이 가시화 파이프라인을 통해 이루어진다.

　VTK 가시화 파이프라인을 자세히 설명하기에 앞서 파이프라인을 구성하는 주요 요소들을 살펴보자.

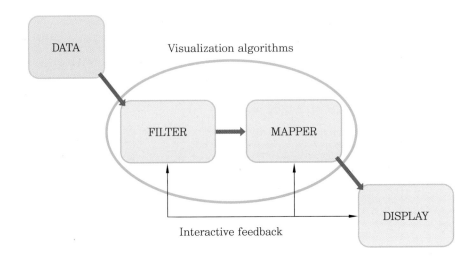

그림 2-4 기본적인 VTK 가시화 파이프라인

(1) VTK 렌더링 엔진

VTK의 가시화 파이프라인을 구성하는 주요 렌더링 엔진은 다음과 같다.

● **vtkActor**

vtkActor는 대표적인 vtkProp3D의 하위 클래스로서 3차원 형상 데이터를 표현한다. 구체적으로는 형상 데이터의 표면 속성(예 ambient, diffuse, specular color), 표현 방식(예 surface, wireframe), 투명도, 텍스처 맵(texture map) 등을 정의할 수 있다. 또한, 형상 데이터의 3차원 위치, 방향, 배율을 지정하기 위하여 값을 직접 부여하거나 4x4 변환행렬을 사용할 수 있다.

● **vtkVolume**

vtkActor가 3차원 형상 데이터를 표현하기 위한 객체라면, vtkVolume은 3차원 볼륨 데이터를 표현하기 위한 객체이다. vtkActor와 마찬가지로, vtkProp3D로부터 상속받아 위치(position)와 방향(orientation)을 정의할 수 있다. vtkVolume을 가시화하는 볼륨 렌더링에 관하여서는 Chapter 4를 참고하도록 한다.

※ LOD는 level of detail의 약자로, vtkLODActor 클래스를 사용하면, 사용자와의 반응성(interactivity)을 높이기 위해 vtkActor의 형상 표현 레벨들(단순

화된 점, 박스, 삼각형 등)을 조절한다. 마찬가지로, vtkLODProp3D를 이용함으로써 vtkVolume의 복셀 표현 레벨을 설정하여 지정한 개수의 다른 매퍼들 중 하나를 선택하여 렌더링 속도를 최적화할 수 있다.

● vtkActor2D

vtkActor2D는 vtkActor와 비슷하지만, 2차원 데이터를 표현하기 위한 객체이고, 4x4 변환행렬을 사용하지 않는다는 점에서 다르다. vtkActor처럼, vtkActor2D는 vtkMapper2D로 연결된다. vtkActor2D를 위치시키기 위하여서는 vtkCoordinate를 사용한다. vtkActor2D와 vtkTextMapper를 통해 2차원 주석(annotation)을 표현할 수 있다.

● vtkAbstractMapper

vtkActor 혹은 vtkVolume과 같은 객체는 입력 데이터를 위한 참조를 유지하거나 실제 렌더링 기능을 제공하기 위해 vtkAbstractMapper의 하위 클래스를 사용한다. vtkPolyDataMaper는 다각형 형상 데이터를 렌더링하기 위한 주요 매퍼이다. 볼륨 데이터를 위하여서는, vtkImageData를 렌더링하기 위해 사용되는 vtkFixedPointVolumeRayCastMapper와 vtkUnstructuredGrid 데이터를 렌더링하기 위해 사용되는 vtkProjectedTetrahedra 매퍼를 포함한 몇 가지 렌더링 기술이 제공되고 있다.

● vtkProperty / vtkVolumeProperty

vtkProperty와 vtkVolumeProperty는 각각 vtkActor와 vtkVolume의 외관에 대한 속성을 정의한다. 이들은 렌더링 장면에 여러 물체를 표현할 때, 더 쉽게 외관 세팅을 공유할 수 있도록 해 준다. 이들은 형상 혹은 볼륨 데이터의 색상, 투명도, 그리고 재질을 위한 ambient, diffuse, specular 계수를 정의할 수 있다. 볼륨 데이터의 경우, vtkVolumeProperty를 이용하여 전이 함수(transfer function)를 통해 스칼라(scalar) 값으로부터 색상과 투명도를 매핑하여 표현한다. 대다수의 매퍼들은 물체의 내부 구조를 볼 수 있도록 하는 절단면(clipping plane) 기능을 제공하고 있다.

● vtkCamera

vtkCamera는 장면을 바라보는 시점을 정의한다. 즉 위치, 초점, "up" 방향을 정의하는 벡터를 갖고 있다. 다른 파라미터로는 viewing transformation(parallel

혹은 perspective), 영상의 scale과 view angle, view frustum의 near/far clippin plane 등이 있다.

● vtkLight

조명이 장면을 위해 계산될 때, 하나 또는 복수의 vtkLight 객체가 필요하다. vtkLight 객체는 조명의 위치와 방향, 색상, 강도를 정의할 수 있다. 또한 조명들은 카메라에 관하여 조명이 어떻게 움직일지에 대한 종류를 갖고 있다. 예를 들어, Headlight는 카메라 위치에서 카메라의 초점을 향하여 비추는 반면, SceneLight는 장면의 고정된 위치에 놓인다.

● vtkRenderer

vtkRenderer는 준비된 장면을 렌더링하는 과정을 담당하며, 매퍼로부터 가시화할 대상체를 RenderWindow에 연결하여 준다. 렌더 윈도우(render window)에 여러 개의 렌더러가 연결될 수 있다. 이러한 렌더러들은 렌더 윈도우의 각기 뷰포트(viewport)라고 하는 다른 사각형 영역에 그려질 수 있으며, 또는 오버랩될 수 있다.

● vtkRenderWindow

vtkRenderWindow는 해당 PC의 운영 체제(operating system)와 VTK의 렌더링 엔진(rendering engine)을 연결한다. VTK에서는 플랫폼과 상관 없이 vtkRenderWindow를 사용함으로써 실행 시 자동으로 플랫폼에 특화된 적절한 하위 클래스가 선택되도록 할 수 있다. vtkRenderWindow에는 하나 또는 여러 개의 vtkRenderer가 연결된다. vtkRenderWindow를 사용하여 stereo, anti-aliasing, motion blue, focal depth와 같이 렌더링 속성을 조정하기 위한 파라미터를 지정할 수 있다.

● vtkRenderWindowInteractor

vtkRenderWindowInteractor는 마우스, 키보드, 시간 이벤트 등의 입력을 처리하고 command/observe 디자인 패턴의 VTK 구현을 통해 이들을 전송하기 위한 클래스이다. vtkInteractorStyle은 rotating, panning, zooming과 같은 모션 제어 기능을 제공하기 위해 이러한 이벤트를 받고 처리한다. vtkRenderWindowInteractor를 사용하면 자동으로 3차원 장면에 맞는 기본 interactor 스타일이 생성되지만, 예를 들어 2차원 영상 뷰에 적합하도록 선택 하거나 사용자의 목적에 맞게 interactor 스타일을 임의로 생성할 수 있다. vtkRenderWindowInteractor가 기본적으로 제공하고 있는 사용자 입력을 표 2 에 나타내었다.

표 2 vtkRenderWindowInteractor

Input	Action
Keypress j / t	joystick / trackball styles
Keypress c / a	camera / actor
Mouse button 1	rotate
Mouse button 2	pan / translate
Mouse button 3	zoom / scale
Keypress e / q	exit / quit
Keypress s / w	surface / wireframe modes
Keypress r	reset camera view
Keypress p	pick

● vtkTransform

　액터/볼륨, 조명, 카메라와 같이 위치를 지정해야 하는 장면의 많은 객체들은 쉽게 위치와 방향을 다루기 위한 vtkTransform 파라미터를 갖고 있다. vtkTransform은 3차원 공간상에서 아핀(affine) 변환이라고도 불리는 선형(linear) 좌표 변환을 정의하기 위해 사용될 수 있다(내부적으로는 4x4 homogeneous 변환행렬로 표현된다). vtkTransform 객체는 기본적인 단위 (identity) 행렬로 시작하거나, 복잡한 변환을 수행하기 위하여 파이프라인 형식으로 연결된 형태로 사용할 수 있다. 파이프라인에서 하나의 변환을 변경하였을 때, 이후의 모든 변환들이 차례로 갱신된다.

● vtkLookupTable, vtkColorTransferFunction, vtkPiecewiseFunction

　스칼라 데이터를 가시화할 때, 스칼라 값을 색상이나 투명도로 매핑을 정의할 경우가 자주 있다. 이는 표면의 투명도를 정의하기 위한 형상 표면 데이터의 렌더링의 경우와 볼륨 데이터를 통과하는 광선(ray)을 따라 축적된 투명도를 사용하여 볼륨 렌더링을 할 경우도 마찬가지이다. 일반적으로 이런 매핑을 위하여서는 형상 데이터의 경우 vtkLookupTable이 사용되며, 볼륨 렌더링의 경우에는 vtkColorTransferFunction과 vtkPiecewiseFunction이 함께 이용된다.

(2) VTK 가시화 파이프라인

가시화 파이프라인(visualization pipeline)은 화면에 디스플레이하고자 하는 데이터를 그래픽 데이터로 변환하는 일련의 과정이다. VTK의 파이프라인은 2-1절에서 기술한 데이터 객체(표현하고자 하는 데이터)와 처리 객체(데이터를 처리하는 객체)로 구성된다.

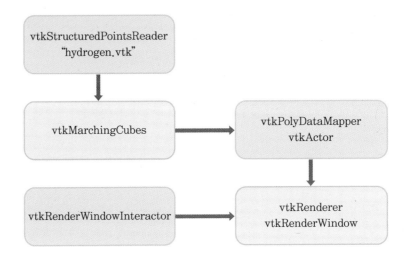

그림 2-5 VTK 가시화 파이프라인의 예시

일반적인 VTK 가시화 파이프라인을 예시를 통해 살펴보자. 일반적으로 VTK 가시화 파이프라인에서 단수 또는 복수의 입력 소스가 단수 또는 복수의 필터를 거쳐 얻어진 결과는 매퍼를 통해 액터로 전달된다. 액터는 렌더러로 연결되어 렌더윈도우(renderWindow)에 의해 화면에 디스플레이된다.

그림 2-5와 같이 vtkStructuredPointsReader 소스를 통해 읽어 들인 "hydrogen.vtk" 파일은 먼저 vtkMarchingCubes라는 필터로 연결된다. vtkMarchingCubes를 통해 얻어진 삼각형 메시 데이터는 다시 vtkPolyDataMapper를 통해 vtkActor로 전달된다. 이후 vtkActor는 vtkRenderer에 연결되고, 최종적으로 사용자 입력을 처리하도록 하는 vtkRenderWindowInteractor와 함께 vtkRenderWindow로 연결되어 화면에 디스플레이된다.

VTK 가시화 파이프라인을 코드를 보면서 설명하기 위하여, 앞서 1-2절에서 언급한 다음의 "Cone" 예제 코드를 살펴보자.

⊕ 코드 2.1

```cpp
// 먼저 사용할 VTK 클래스의 헤더 파일을 include한다.
#include "vtkConeSource.h"
#include "vtkPolyDataMapper.h"
#include "vtkRenderWindow.h"
#include "vtkCamera.h"
#include "vtkActor.h"
#include "vtkRenderer.h"

int main()
{
    // 먼저, vtkConeSource를 생성하고, 그 속성을 정의한다.
    vtkConeSource *cone = vtkConeSource::New();
    cone->SetHeight( 3.0 );
    cone->SetRadius( 1.0 );
    cone->SetResolution( 10 );

// 본 예제에서는 source 데이터를 별도의 처리 과정을 위한 filter를 거치지 않고
// 바로 mapper로 연결한다(필요 시, filter를 거쳐 mapper에 연결하여 주면 된다).
vtkPolyDataMapper *coneMapper = vtkPolyDataMapper::New();
    coneMapper->SetInputConnection( cone->GetOutputPort() );

    // 다음으로, cone을 표현하기 위한 actor를 생성하고 연결한다.
    vtkActor *coneActor = vtkActor::New();
    coneActor->SetMapper( coneMapper );

// 그 다음, Renderer를 생성하고 actor들을 할당한다.
// Renderer는 viewport와 같은 개념이며, 여기서 배경색을 정의하였다.
    vtkRenderer *ren1= vtkRenderer::New();
    ren1->AddActor( coneActor );
    ren1->SetBackground( 0.1, 0.2, 0.4 );

// 마지막으로, 화면에 나타날 render window를 생성한다.
    // 앞서 준비한 renderer를 render window에 AddRenderer로 추가하고,
```

```
// 크기를 300 * 300 픽셀로 정의하였다.
vtkRenderWindow *renWin = vtkRenderWindow::New();
renWin->AddRenderer( ren1 );
renWin->SetSize( 300, 300 );

// 매회 1°씩 돌려 360° 회전하면서 Render()를 호출하여 화면을 그린다.
int i;
for (i = 0; i < 360; ++i)
{
    renWin->Render();
    ren1->GetActiveCamera()->Azimuth( 1 );
}

// Delete() 명령을 사용하여 메모리를 해제한다.
cone->Delete();
coneMapper->Delete();
coneActor->Delete();
ren1->Delete();
renWin->Delete();

return 0;
}
```

한편, VTK 가시화 파이프라인은 가시화하고자 하는 데이터의 계산을 요구할 때 가동이 된다. 예를 들어 다음과 같이 파일을 읽어 들인다고 가정해 보자.

➕ 코드 2.2

```
vtkPLOT3DReader* reader = vtkPLOT3DReader::New();
reader->SetXYZFileName( "VTK_DATA_ROOT/Data/combxyz.bin" );
int nPt = reader->GetOutput()->GetNumberOfPoints();
```

　코드 2.2의 마지막 라인에서 GetNumberOfPoints() 함수를 호출하면, 입력 데이터 파일이 수천 개의 점 데이터를 갖고 있음에도 불구하고, reader 객체는 0을 반환할 것이다. 이는 GetNumberOfPoints() 함수가 계산을 요구하는 것이 아니라 단순히 점의 개수를 받아 오기 때문이다. Update() 함수를 다음과 같이 추가해 보자.

⊕ 코드 2.3

```
vtkPLOT3DReader* reader = vtkPLOT3DReader::New();
reader->SetXYZFileName("VTK_DATA_ROOT/Data/combxyz.bin");
reader->Update();
int nPt = reader->GetOutput()->GetNumberOfPoints();
```

　코드 2.3의 결과로 얻는 점의 개수 값에는 제대로 된 숫자가 얻어질 것이다. Update() 함수를 호출하면, 강제로 파이프라인을 실행시켜 reader로 하여금 지정한 파일을 읽는 작업을 수행하도록 한다.

　하지만, 보통의 경우 Update() 함수를 호출할 필요가 없다. 이는 가시화 파이프라인에 필터들이 연결되어 있기 때문이다. 액터가 렌더링 명령을 받으면, Update() 명령이 가시화 파이프라인으로 거슬러 호출된다. 아래 그림에서 보인 것처럼 Render() 명령은 데이터의 가시화 명령을 내리고, 그 명령이 가시화 파이프라인으로 전달된다.

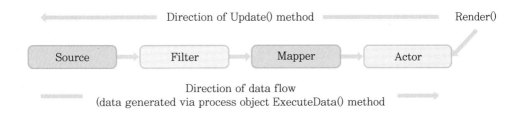

그림 2-6 VTK 렌더링 파이프라인의 흐름 및 수행 방향

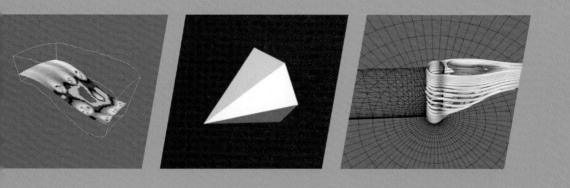

VTK 실습

Chapter 3

VTK 실습

※ Chapter 3의 예제 전체 코드는 아래 github 사이트에 올라와 있으니 참고하길 바란다.
https://github.com/vtk-book/example

3-1 / VTK 프레임워크 프로젝트 생성하기

VTK를 이용한 MFC 다이얼로그 기반의 샘플 프로젝트를 생성해 보자. 다음과 같이 다이얼로그 기반 프로그램에 VTK 윈도우를 생성하여 원뿔(cone) 모델을 가시화하는 간단한 예제이다.

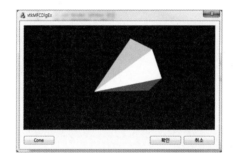

그림 3-1 실습할 MFC 다이얼로그 기반 샘플 프로젝트 결과화면

① ≫ 우선, VisualStudio에서 다이얼로그 기반의 프로젝트를 다음과 같이 준비한다.
"Menu > File > New > Project···" ➡ vtkMFCDlgEx 프로젝트 생성

그림 3-2 MFC 다이얼로그 기반 샘플 프로젝트 생성

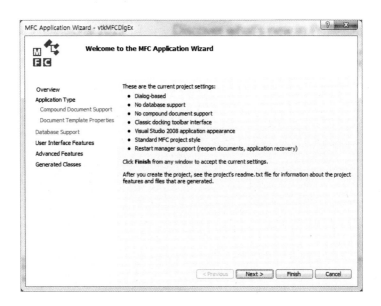

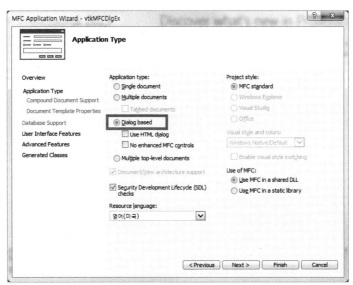

그림 3-3 MFC 다이얼로그 기반 샘플 프로젝트 세팅

그림 3-2 화면 이후에는 위와 같이 기본 세팅의 변경 없이 Finish를 눌러 다이
얼로그 응용 프로그램 생성 위젯을 마친다.

2 》》   부록에 나와 있는 방법대로 VTK를 컴파일하였으면, 32비트 응용 프로그램이 아닌 64비트 응용 프로그램으로 개발하여야 하므로, 아래 순서와 같이 64비트 응용 프로그램을 구성한다.

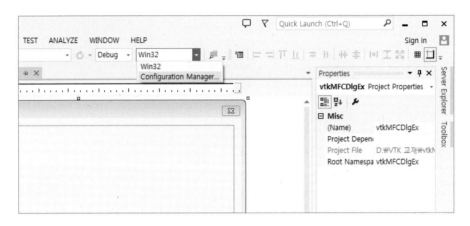

그림 3-4   64비트 응용 프로그램 플랫폼 구성 #1

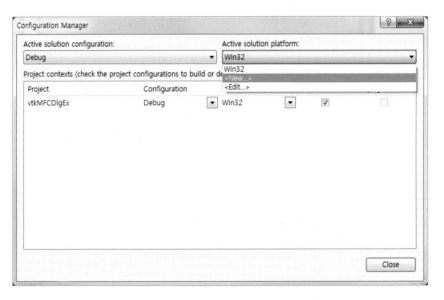

그림 3-5   64비트 응용 프로그램 플랫폼 구성 #2

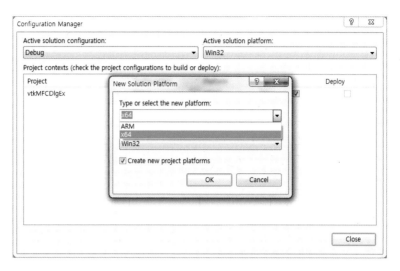

그림 3-6 64비트 응용 프로그램 플랫폼 구성 #3

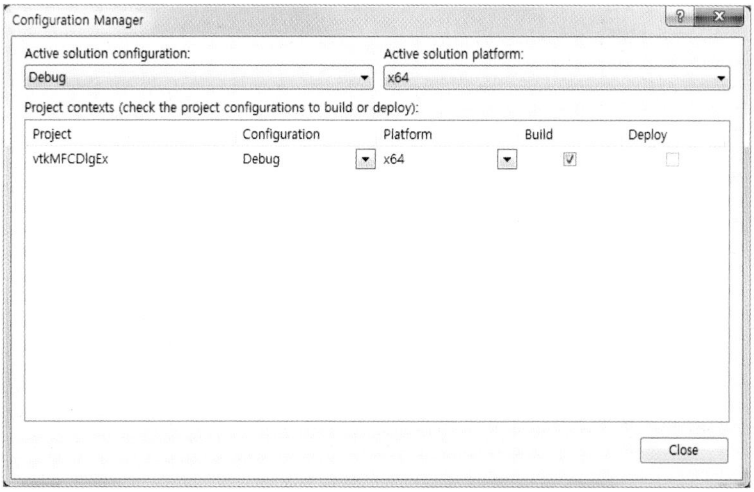

그림 3-7 64비트 응용 프로그램 플랫폼 구성 #4

그림 3-8 64비트 응용 프로그램 플랫폼 구성 결과

3 >>> VTK 포함 경로 및 라이브러리 링크를 포함하는 속성 시트를 생성한다. VTK 관련 속성 시트를 한 번 설정하여 저장하면, 다른 프로젝트를 시작할 때에 속성 시트 파일을 복사하고 프로젝트에 포함하면 되므로 편하게 설정할 수 있다.

- VisualStudio 좌측 탐색 창의 속성 관리자 탭 열기
- 속성 관리자 창이 보이지 않으면, "메뉴 > 보기 > 다른 창 > 속성 관리자" 실행
- "DICOMViewer > Debug | x64" 항목에서 우클릭
- "새 프로젝트 속성 시트 추가" 메뉴를 실행하여 VTK-8.0.0_x64.props를 추가

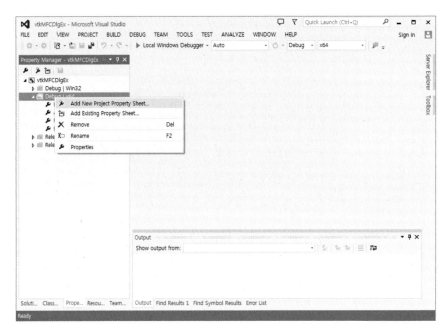

그림 3-9 속성 관리자 – 새 속성 시트 추가

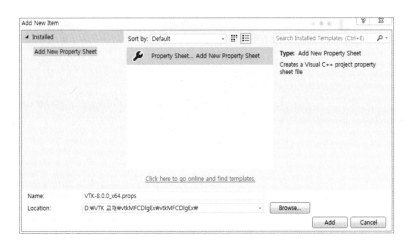

그림 3-10 속성 관리자 – 새 속성 시트 추가 VTK-8.0.0_x64.props

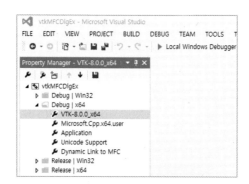

그림 3-11 속성 관리자 – 새 속성 시트 추가 결과

(4) ≫ VTK 속성 시트에서 긴 경로 이름을 반복적으로 쓰는 것을 피하기 위해 사용자 매크로를 추가한다. [메뉴>프로젝트>속성 (Atl+F7)]

- "사용자 매크로" 항목에서 "매크로 추가" 버튼을 클릭하여 추가
- 이름 : VTK_DIR
- 값 : D:₩SDK₩vtk-8.0.0₩$(Configuration)
- $(Configuration)는 현재 프로젝트 구성에 따라 Debug 또는 Release로 미리 정의된 매크로이다. 이렇게 지정하면 프로젝트 구성이 바뀔 때 VTK 라이브러리도 해당하는 구성으로 자동 연결되도록 할 수 있다.

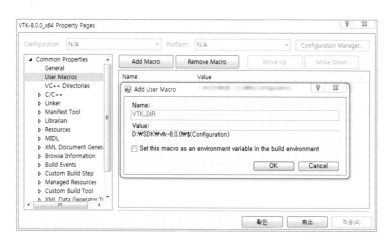

그림 3-12 VTK 디렉터리 매크로 추가

(5) ≫ VTK 속성 시트의 포함 디렉터리와 라이브러리 디렉터리를 추가한다.

- "VC++ 디렉터리" 항목을 선택
- 포함 디렉터리에 $(VTK_DIR)₩include₩vtk-8.0 추가
- 라이브러리 디렉터리에 $(VTK_DIR)₩lib 추가
- "링커>입력" 항목을 선택

- "추가 종속성" 항목에서 <편집…> 선택
- $(VTK_DIR)₩lib에 포함된 모든 lib 파일 추가
- 이 책 부록의 VTK 설치 편에 소개하였듯 윈도우 커맨드 창에서 다음과 같이 lib 목록을 쉽게 얻을 수 있다. (dir /b *.lib > list.txt) → <그림 부록 1-10 라이브러리 목록 파일 생성 명령> 참조

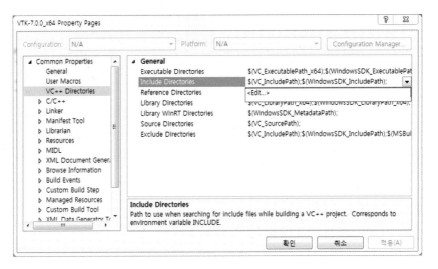

그림 3-13 VTK 포함 디렉터리 추가 #1

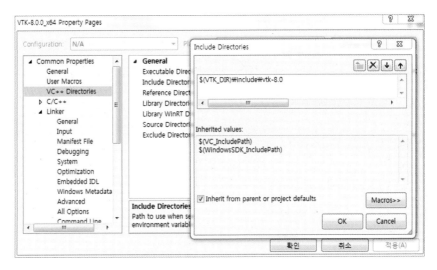

그림 3-14 VTK 포함 디렉터리 추가 #2

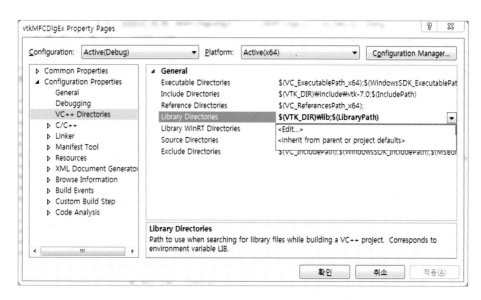

그림 3-15 VTK 라이브러리 디렉터리 추가 #1

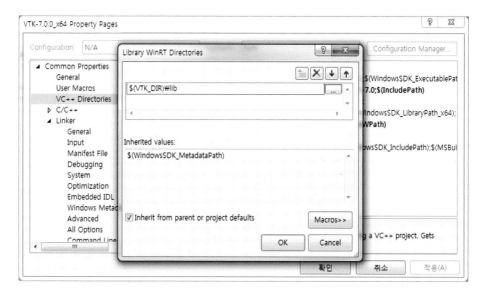

그림 3-16 VTK 라이브러리 디렉터리 추가 #2

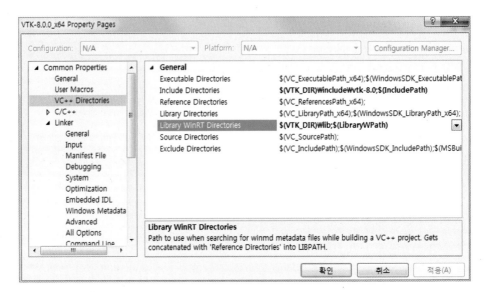

그림 3-17 VTK 디렉터리 추가 완료

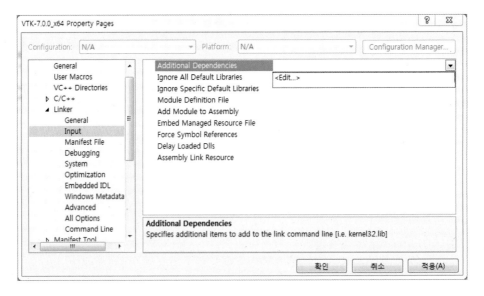

그림 3-18 VTK 라이브러리 추가 #1

list.txt - 메모장

파일(F) 편집(E) 서식(O) 보기(V) 도움말(H)

```
vtkalglib-8.0.lib
vtkChartsCore-8.0.lib
vtkCommonColor-8.0.lib
vtkCommonComputationalGeometry-8.0.lib
vtkCommonCore-8.0.lib
vtkCommonDataModel-8.0.lib
vtkCommonExecutionModel-8.0.lib
vtkCommonMath-8.0.lib
vtkCommonMisc-8.0.lib
vtkCommonSystem-8.0.lib
vtkCommonTransforms-8.0.lib
vtkDICOMParser-8.0.lib
vtkDomainsChemistry-8.0.lib
vtkexoIIc-8.0.lib
vtkexpat-8.0.lib
vtkFiltersAMR-8.0.lib
vtkFiltersCore-8.0.lib
vtkFiltersExtraction-8.0.lib
vtkFiltersFlowPaths-8.0.lib
vtkFiltersGeneral-8.0.lib
vtkFiltersGeneric-8.0.lib
vtkFiltersGeometry-8.0.lib
vtkFiltersHybrid-8.0.lib
vtkFiltersHyperTree-8.0.lib
vtkFiltersImaging-8.0.lib
vtkFiltersModeling-8.0.lib
vtkFiltersParallel-8.0.lib
vtkFiltersParallelImaging-8.0.lib
vtkFiltersPoints-8.0.lib
vtkFiltersProgrammable-8.0.lib
vtkFiltersSelection-8.0.lib
vtkFiltersSMP-8.0.lib
vtkFiltersSources-8.0.lib
vtkFiltersStatistics-8.0.lib
vtkFiltersTexture-8.0.lib
vtkFiltersTopology-8.0.lib
vtkFiltersVerdict-8.0.lib
vtkfreetype-8.0.lib
vtkGeovisCore-8.0.lib
vtkgl2ps-8.0.lib
vtkhdf5-8.0.lib
vtkhdf5_hl-8.0.lib
vtkImagingColor-8.0.lib
vtkImagingCore-8.0.lib
```

그림 3-19 VTK 라이브러리 추가 #2 추가할 전체 VTK 라이브러리 리스트

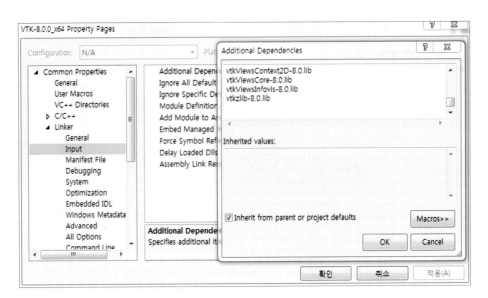

그림 3-20 VTK 라이브러리 추가 #3 그림에 보이는 라이브러리 외에도 모든 VTK 라이브러리를 추가하여야 함.

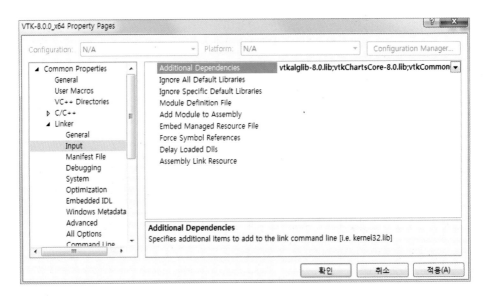

그림 3-21 VTK 라이브러리 추가 완료

※ 이상의 추가 라이브러리 파일들은 컴파일된 모든 VTK 라이브러리를 추가한 것이며, 이들 전부를 추가할 필요는 없다. 사용하고자 하는 기능에 맞추어 추가 library를 세팅하여 link error를 해결하면 된다.

6 ≫ Release 프로젝트 구성에도 Debug와 동일한 속성 시트를 적용시킨다.

- "DICOMViewer > Release │ x64" 항목에서 우클릭
- "기존 속성 시트 추가" 메뉴 실행
- VTK-8.0.0_x64.prop 파일 추가

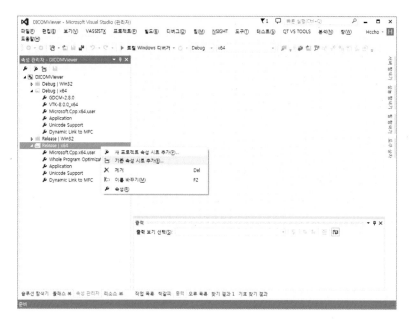

그림 3-22 프로젝트 Release 구성에 속성 시트 추가

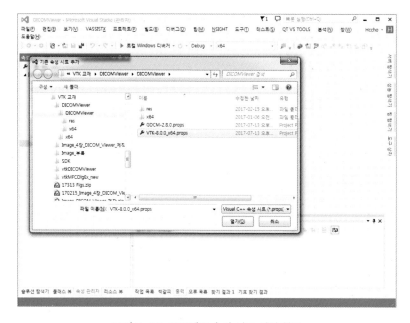

그림 3-23 프로젝트 속성 시트 설정 완료

7 ⟫⟫ 프로젝트 환경 변수를 설정한다. 프로그램 실행 시 필요한 dll 파일의 위치를 PATH 변수로 설정한다.

- "프로젝트 > 속성" 메뉴를 실행
- "디버깅 > 환경" 항목에 PATH=$(VTK_DIR)₩bin; 추가
- Debug 구성 / Release 구성 모두 동일하게 설정

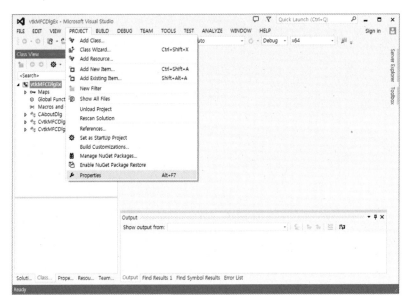

그림 3-24 프로젝트 환경 변수 설정 #1

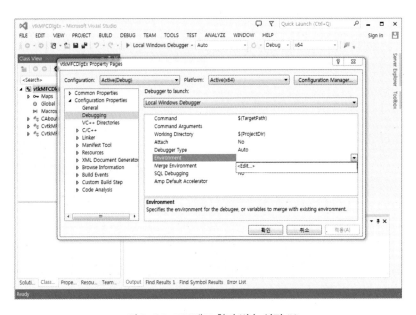

그림 3-25 프로젝트 환경 변수 설정 #2

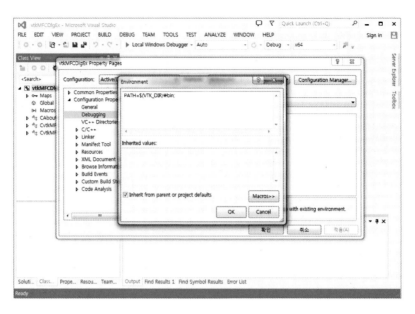

그림 3-26 프로젝트 환경 변수 설정 #3

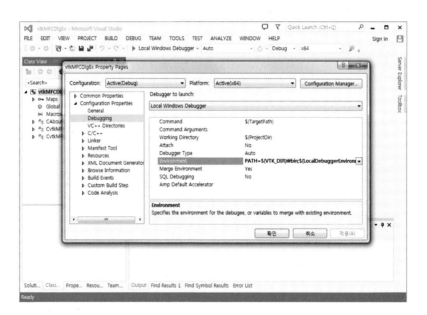

그림 3-27 프로젝트 환경 변수 설정 #4

8 »   이것으로 프로젝트 세팅을 마치고, 이제 본격적으로 프로그래밍에 들어가 보자. 먼저, VTK 헤더 파일들을 프로젝트에 추가한다. stdafx.h에 사용하고자 하는 기능에 해당하는 헤더 파일을 추가한다. VTK 클래스를 추가할수록 해당 헤더 파일을 추가하면 된다.

VTK 버전 6.0 이상부터는 라이브러리 모듈화로 인해, 빌드 프로그램에 실제로 사용할 모듈을 초기화하도록 알려 주어야 한다. VisualStudio에서 빌드할 경우, 다른 VTK 코드를 사용하기 전에 모듈 초기화 코드가 가장 처음으로 컴파일되도록 배치하여야 한다.

아래 예시의 초기화 코드는 VTK에서 주로 사용되는 렌더링 모듈 4개와 볼륨 렌더링을 위한 모듈을 초기화한다. 이 코드를 stdafx.h 파일의 마지막에 추가하자. VTK 모듈 초기화 에러에 대해서는 4-4절에 자세히 설명하기로 한다.

➕ 코드 3.1.1 stdafx.h 추가 코드

```
// vtk header
#include <vtkAutoInit.h>
#define vtkRenderingCore_AUTOINIT ₩
4(vtkRenderingOpenGL,vtkInteractionStyle,vtkRenderingFreeType,vtkRenderingContextOpenGL)
#define vtkRenderingVolume_AUTOINIT 1(vtkRenderingVolumeOpenGL)

#include <vtkRenderWindow.h>
#include <vtkSmartPointer.h>
#include <vtkPolyData.h>
#include <vtkPolyDataMapper.h>
#include <vtkActor.h>
#include <vtkRenderer.h>
#include <vtkRenderWindowInteractor.h>
#include <vtkInteractorStyleTrackballCamera.h>
#include <vtkConeSource.h>
```

9 ≫ 　메인 다이얼로그의 Resource를 다음 그림과 같이 변경한다. 추가된 Button 및 Picture Control의 정보는 다음과 같다. (VisualStudio 좌측 탐색 창의 리소스 뷰 탭, 속성 관리자 창이 보이지 않으면, "메뉴 > 보기 > 다른 창 > 리소스 뷰" 실행)

- Button 1 ID: IDC_BUTTON_CONE
- Picture Control: ID: IDC_STATIC_FRAME, Type: Owner Draw
  [해당 리소스의 속성(Properties) 창이 안 보이면, 해당 리소스에 대해 오른쪽 마우스 클릭 후 팝업 메뉴에서 "속성" 선택]

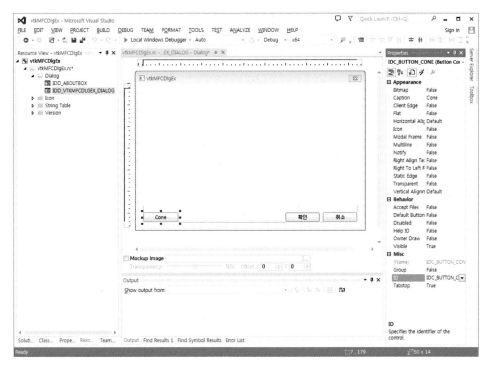

그림 3-28 MFC 샘플 프로젝트의 다이얼로그 리소스

10 ≫ 　메인 다이얼로그 클래스의 헤더 파일 CvtkMFCDlgExDlg.h에 vtkRenderWindow 멤버 변수와 화면 배치 및 vtkRenderWindow 초기화를 위한 멤버 함수를 다음과 같이 추가한다.

⊕ 코드 3.1.2 vtkMFCDlgExDlg.h 추가 코드

```
public:
        vtkSmartPointer<vtkRenderWindow>                  m_vtkWindow;     // VTK Window
        void InitVtkWindow(void* hWnd);     // Initialize VTK Window
        void ResizeVtkWindow();     // Resize VTK window


public:
        afx_msg void OnSize(UINT nType, int cx, int cy);
```

(11) ≫ 메인 다이얼로그 클래스의 소스파일 CvtkMFCDlgExDlg.cpp에 vtkRenderWindow 관련 코드를 다음과 같이 추가한다. 여기에 추가된 각 VTK 클래스 및 가시화 파이프 라인에 대한 자세한 설명은 Chapter 2에 기술하였다.

⊕ 코드 3.1.3 vtkMFCDlgExDlg.cpp 추가 코드 (VTK Window 초기화)

```
// CvtkMFCDlgExDlg dialog
BOOL CvtkMFCDlgExDlg::OnInitDialog()
{
        (기존 코드 생략…)
        // TODO: 여기에 추가 초기화 작업을 추가합니다.
        if (this->GetDlgItem(IDC_STATIC_FRAME))
        {
                // Initialize VTK window: 리소스에 만든 IDC_STATIC_FRAME 윈도우 핸들 연결
                this->InitVtkWindow(
                        this->GetDlgItem(IDC_STATIC_FRAME)->GetSafeHwnd() );
                // Resize VTK window
                this->ResizeVtkWindow();
        }
        return TRUE;
}
void CvtkMFCDlgExDlg::OnSize(UINT nType, int cx, int cy)
{
        CDialog::OnSize(nType, cx, cy);
        this->ResizeVtkWindow();
```

```
}

void CvtkMFCDlgExDlg::InitVtkWindow(void* hWnd)
{
        // vtk Render Window 생성
        if (m_vtkWindow == NULL)
        {
                // Interactor 생성
                vtkSmartPointer<vtkRenderWindowInteractor> interactor =
                        vtkSmartPointer<vtkRenderWindowInteractor>::New();
                // Trackball Camera 인터랙션 스타일 적용
                interactor->SetInteractorStyle(
                        vtkSmartPointer<vtkInteractorStyleTrackballCamera>::New() );

                // Renderer 생성
                vtkSmartPointer<vtkRenderer> renderer =
                        vtkSmartPointer<vtkRenderer>::New();
                renderer->SetBackground(0.0, 0.0, 0.0);    // 검은색 배경

                // RenderWindow 생성 후 Dialog 핸들, Interactor, Renderer 설정
                m_vtkWindow = vtkSmartPointer<vtkRenderWindow>::New();
                m_vtkWindow->SetParentId(hWnd);
                m_vtkWindow->SetInteractor(interactor);
                m_vtkWindow->AddRenderer(renderer);
                m_vtkWindow->Render();
        }
}

void CvtkMFCDlgExDlg::ResizeVtkWindow()
{
        CRect rc;
        GetDlgItem(IDC_STATIC_FRAME)->GetClientRect(rc);
        m_vtkWindow->SetSize(rc.Width(), rc.Height());
}
```

이상의 코드를 추가한 프로젝트를 빌드한 후, 프로그램을 실행하면 아래와 같이 검은색 배경의 VTK 윈도우가 준비된 것을 확인할 수 있다.

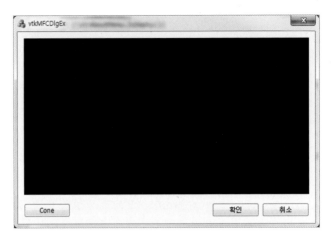

그림 3-29 VTK 윈도우가 활성화된 다이얼로그 기반 샘플 프로젝트의 실행 화면

※ 프로그램 종료 후 VisualStudio로 돌아오면(Debug 모드에서 실행할 경우), VTK를 제대로 추가하였음에도 불구하고, VTK와 MFC 사이의 충돌로 인해 아래와 같이 메모리 누수(memory leackage)가 발생함을 확인할 수 있을 것이다.

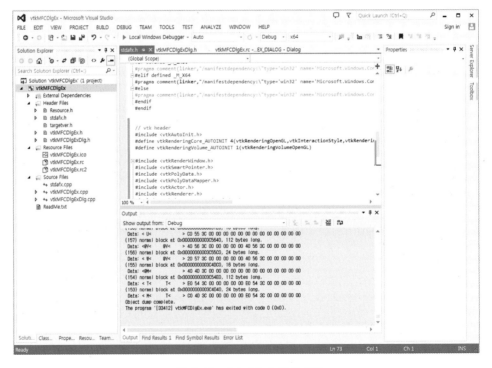

그림 3-30 메모리 누수 발생 화면

VTK 사용 시 기본적으로 발생하는 이러한 메모리 누수는 아래와 같이 VTK 관련 DLL들의 로딩을 delay함으로써 해결할 수 있다. 이때 추가할 "Delay Loaded Dlls" 항목들도 VTK 라이브러리 리스트와 마찬가지로 VTK DLL 폴더 내의 모든 Dll 리스트를 만들어 입력하면 간편하게 모든 DLL 파일들을 추가할 수 있다. [부록의 VTK 설치 편, <그림 부록 1-10 라이브러리 목록 파일 생성 명령> 참조. 윈도우 커맨드 창 -> VTK DLL 폴더(D:₩SDK₩VTK-7.0.0₩Debug₩bin)에서 "dir /b *.dll > list.txt" 실행 -> 생성된 list.txt 파일 내의 모든 DLL 파일 리스트를 복사하여 속성 페이지의 "Delay Loaded Dlls" 항목에 붙여 넣기]

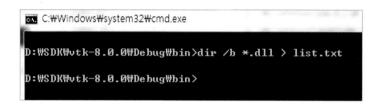

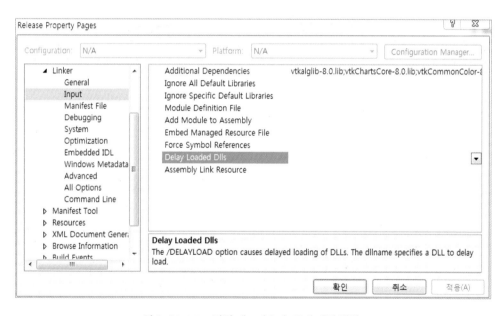

그림 3-31 VTK 관련 메모리 누수 문제 해결 방법 #1

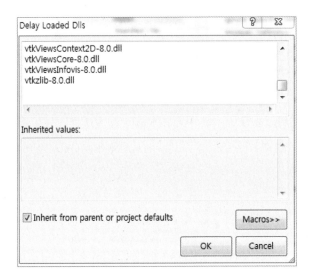

그림 3-32 VTK 관련 메모리 누수 문제 해결 방법 #2 그림에 보이는 DLL 외에 모든 VTK DLL들을 추가하여야 함.

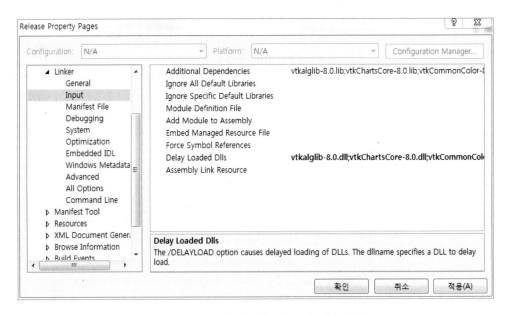

그림 3-33 VTK 관련 메모리 누수 문제 해결 방법 #3

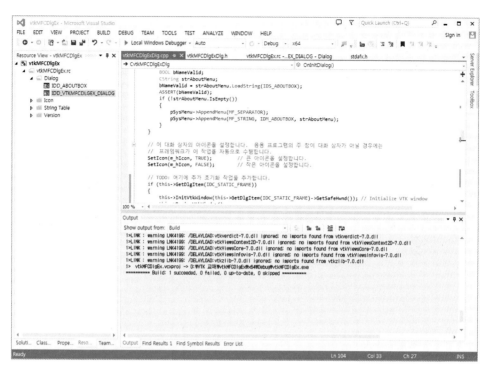

그림 3-34 VTK 관련 메모리 누수 문제 해결 결과화면 프로그램 실행 후에 메모리 누수가 없는 것을 확인.

⑫ ≫ 다음은 Cone 버튼에 연결된 함수를 만들고, 간단한 Cone을 생성하여 보자. 리소스 윈도우의 경우 Cone 버튼 위에서 더블 클릭을 하게 되면 아래와 같이 OnBnClickedCone() 함수가 만들어지는데, 여기에 다음의 코드를 추가한다.

✣ 코드 3.1.4 vtkMFCDlgExDlg.cpp 추가 코드 (Cone 생성)

```cpp
void CvtkMFCDlgExDlg::OnBnClickedCone()
{
    ///////////////////////////////////////////////////////////
    // Create a cone source
    vtkSmartPointer<vtkConeSource> coneSource =
            vtkSmartPointer<vtkConeSource>::New();


    // Create a mapper and actor
    vtkSmartPointer<vtkPolyDataMapper> mapper =
            vtkSmartPointer<vtkPolyDataMapper>::New();
    mapper->SetInputConnection(coneSource->GetOutputPort());
```

```
vtkSmartPointer<vtkActor> actor =
        vtkSmartPointer<vtkActor>::New();
actor->SetMapper(mapper);


// Visualize
vtkSmartPointer<vtkRenderer> renderer =
        vtkSmartPointer<vtkRenderer>::New();
renderer->AddActor(actor);
renderer->SetBackground(.1, .2, .3); // Background color dark blue
renderer->ResetCamera();


////////////////////////////////////////////////////////////////
//rendering
m_vtkWindow->AddRenderer(renderer);
m_vtkWindow->Render();

}
```

이상의 코드를 수행한 결과는 다음과 같다.

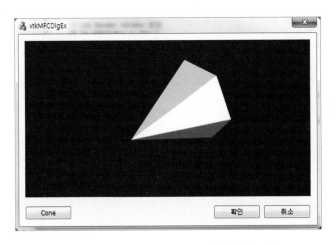

그림 3-35 다이얼로그 기반 샘플 프로그램의 실행 결과 Cone

※ 다음 3-2절에 나오는 예제 코드는 이상과 같이 생성한 VTK 프레임워크 프로
   젝트에서 (12)의 과정과 같이 추가로 버튼을 생성하고 버튼 클릭 시 실행되는
   함수에 해당 함수의 내용을 추가하면 된다.

3-2　3차원 가시화의 기초

이번 절에서는 VTK를 사용하기 위한 3차원 가시화의 기초를 다룬다. 자세한 MFC 설명은 생략하였으며, 다음의 온라인 예제 프로젝트를 다운로드 받아 참고하길 바란다. (https://github.com/vtk-book/example -> 3_vtkMFCDlgEx)

MFC 프로그래밍에 익숙하지 않으면 다음 Chapter 4의 종합 예제를 따라서 실습해 본 후에 이 내용을 학습하여도 좋다.

3-2-1　카메라 설정

3차원 공간에 있는 물체(object)를 어느 방향에서 어떻게 바라보는가에 따라 화면에 그려지는 결과가 달라지게 된다. 실제 공간에서 책상 위의 컵을 카메라를 통해서 본다고 하면, 실제 공간은 컴퓨터상의 3차원 공간이 되고, 책상과 컵은 그 공간 안에 있는 오브젝트가 된다. 또한 카메라를 통해서 보는 화면이 모니터에 그려지는 화면이 된다.

VTK에서는 별도 설정을 하지 않으면 기본적으로 렌더러(renderer)에서 카메라를 생성하게 되며, 추가적으로 사용자가 카메라를 조작하기 위해서는 vtkCamera 클래스를 사용하면 된다.

카메라를 설정하는 중요한 변수는 위치, 방향, 초점 그리고 3차원 영역의 크기가 있다. 카메라의 위치와 초점은 바라보는 시점과 종점으로 정의된다. 카메라의 위치와 초점을 연결한 벡터가 투영 방향이 된다. 카메라의 방향을 조절하기 위해 위치, 방향 이외에 view-up 벡터, 즉 카메라 위쪽이 향하는 방향 벡터가 있다(그림 3-36).

투영 방법은 정사영(orthographic projection 또는 parallel projection)과 원근 투영(perspective projection)이 있다. 정사영 방법은 모든 빛이 투영 방향과 평행하게 카메라로 들어온다. 원근 투영 방법은 모든 빛이 카메라의 한 점으로 모인다. 원근 투영법을 설정할 시에는 반드시 투영각 또는 카메라 뷰 각도를 설정해 주어야 한다.

일반적으로 절단면(clipping plane)은 투영 방향과 직교한다. 카메라 앞쪽 평면은 카메라 바로 앞에 너무 가까이에 있는 데이터를, 뒤쪽 평면은 너무 멀리 떨어져 있는 데이터를 표시하지 않기 위해서 설정한다. 즉 화면에 표시하고 싶은 영역을 설정해 줄 수 있다. 코드 3.2.1은 3-1절의 Cone 생성 예제에서 카메라 설정 부분을 추가한 예제이다.

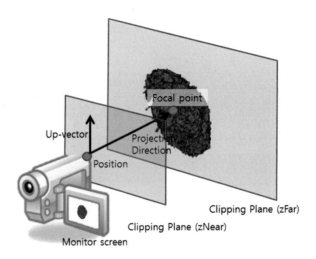

그림 3-36 카메라 설정 변수

✛ 코드 3.2.1 카메라 설정하기 (vtkMFCDlgExDlg.cpp)

```cpp
#include <vtkCamera.h>    // 코드 앞 부분에 추가


void CvtkMFCDlgExDlg::OnBnClickedButtonCone()
{
    // Create a cone source
    vtkSmartPointer<vtkConeSource> coneSource =
        vtkSmartPointer<vtkConeSource>::New();

    // Create a mapper and actor
    vtkSmartPointer<vtkPolyDataMapper> mapper =
        vtkSmartPointer<vtkPolyDataMapper>::New();
    mapper->SetInputConnection(coneSource->GetOutputPort());
    vtkSmartPointer<vtkActor> actor =
        vtkSmartPointer<vtkActor>::New();
    actor->SetMapper(mapper);

    // Visualize
    vtkSmartPointer<vtkRenderer> renderer =
        vtkSmartPointer<vtkRenderer>::New();
    renderer->AddActor(actor);
```

```
renderer->SetBackground(.1, .2, .3); // Background color dark blue
renderer->ResetCamera();

// 카메라 설정
vtkSmartPointer<vtkCamera> cam =
        renderer->GetActiveCamera();        // renderer에서 카메라 받아 오기
cam->SetClippingRange( 0.1, 10 );           // 그려질 depth 영역 설정
cam->SetFocalPoint( 0, 0, 0 );              // 카메라가 바라보는 지점
cam->SetViewUp( 0, 1, 0 );                  // 카메라의 upvector 설정
cam->SetPosition( 0, 0, 5 );                // 카메라 위치 설정
//cam->ParallelProjectionOn();              // on: orthogonal view / off: perspective view


//////////////////////////////////////////////////////////////
//rendering
m_vtkWindow->AddRenderer(renderer);
m_vtkWindow->Render();
}
```

3-2-2 조명 설정

실제 공간에 조명이 없다면 아무것도 보이지 않을 것이다. 태양광, 가로등, 형광등 등을 통해서 비로소 사물을 볼 수 있다. 컴퓨터상의 3차원 공간 안에서도 마찬가지로 조명이 없다면 아무것도 보이지 않는다. 또한 조명의 위치 및 특성에 따라 오브젝트가 다르게 보일 것이다. VTK에서는 카메라와 마찬가지로 별도 설정을 하지 않으면 기본적으로 한 개의 카메라를 따라다니는 조명이 생성된다. 사용자가 조명을 추가하거나 그 속성을 변경하기 위해서는 vtkLight 클래스를 사용하면 된다. 코드 3.2.2는 3-1절의 Cone 생성 예제에서 노란색 조명을 추가해 보는 예제이다.

✛ 코드 3.2.2 조명 추가하기 (vtkMFCDlgExDlg.cpp)

```
#include <vtkLight.h>          // 코드 앞 부분에 추가


void CvtkMFCDlgExDlg::OnBnClickedButtonCone()
```

```cpp
{
    // Create a cone source
    vtkSmartPointer<vtkConeSource> coneSource =
        vtkSmartPointer<vtkConeSource>::New();


    // Create a mapper and actor
    vtkSmartPointer<vtkPolyDataMapper> mapper =
        vtkSmartPointer<vtkPolyDataMapper>::New();
    mapper->SetInputConnection(coneSource->GetOutputPort());
    vtkSmartPointer<vtkActor> actor =
        vtkSmartPointer<vtkActor>::New();
    actor->SetMapper(mapper);


    // Visualize
    vtkSmartPointer<vtkRenderer> renderer =
        vtkSmartPointer<vtkRenderer>::New();
    renderer->AddActor(actor);
    renderer->SetBackground(.1, .2, .3); // Background color dark blue
    renderer->ResetCamera();


    // 조명 설정
    vtkSmartPointer<vtkCamera> cam =
        renderer->GetActiveCamera();                     // renderer에서 카메라 받아 오기
    vtkSmartPointer<vtkLight> newLight =
        vtkSmartPointer<vtkLight>::New();
    newLight->SetColor( 1, 1, 0 );                       // 조명색 설정 (노랑)
    newLight->SetFocalPoint( cam->GetFocalPoint() );     // 비추는 지점
    newLight->SetPosition( cam->GetPosition() );         // 조명 위치 설정
    renderer->AddLight( newLight );


    ///////////////////////////////////////////////////////////////
    //rendering
    m_vtkWindow->AddRenderer(renderer);
    m_vtkWindow->Render();

}
```

3-3   VTK를 이용한 Mesh Data 가시화

3차원 컴퓨터 그래픽스에서 다면체 오브젝트의 형상을 구성하는 요소는 점, 선, 면이 있다. 면은 다각형(polygon)의 집합으로 표현되며 주로 삼각형 또는 사각형으로 구성된다. 이렇게 다수의 다각형으로 구성된 3차원 data를 일반적으로 mesh data라 일컫는다. VTK에서는 vtkPolyData 클래스를 사용하여 mesh data를 처리할 수 있다.

이후에 나오는 예제들은 3-1절의 Cone 생성 예제 프로젝트에서 버튼을 추가하여 테스트해 볼 수 있다. 메인 다이얼로그의 Resource에 버튼을 하나 추가하여 Caption과 ID를 적절히 정의한다(ex > Caption: Ex. vtkPolyData, ID: IDC_BUTTON_EX_VTKPOLYDATA). 그리고 버튼에서 우클릭 후 "이벤트 처리기 추가" 메뉴를 통해 이벤트 처리 함수를 추가하여 다음에 나오는 예제에 따라 코드를 입력한다. (그림 3-37~39 참고)

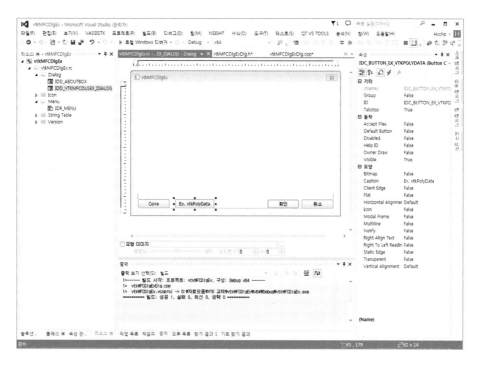

그림 3-37 Resource에 버튼 추가

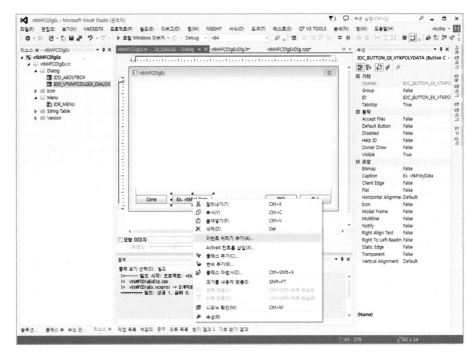

그림 3-38 이벤트 처리기 추가 메뉴 선택

그림 3-39 이벤트 처리 함수 추가

3-3-1　vtkPolyData – 생성하기

　　vtkPolyData는 vtkPoints로 각 점의 위치 정보를 갖고, vtkCellArrays로 점, 선, 다각형, 삼각형 strip의 네 가지 형태 정보를 가질 수 있다. 코드 3.3.1은 두 개의 삼각형으로 구성된 mesh data의 좌푯값을 직접 입력하여 vtkPolyData로 만드는 방법이다.

✚ 코드 3.3.1 vtkPolyData 직접 만들기 (vtkMFCDlgExDlg.cpp)

```
#include <vtkPoints.h>
#include <vtkCellArray.h>
#include <vtkPolyData.h>              // 코드 앞 부분에 추가


void CvtkMFCDlgExDlg::OnButtonExVtkpolydata()
{
        vtkSmartPointer<vtkPoints> pPoints =
              vtkSmartPointer<vtkPoints>::New();
        pPoints->InsertPoint(0, 0.0, 0.0, 0.0);        // InsertPoint(ID, x, y, z);
        pPoints->InsertPoint(1, 0.0, 1.0, 0.0);
        pPoints->InsertPoint(2, 1.0, 0.0, 0.0);
        pPoints->InsertPoint(3, 1.0, 1.0, 0.0);

        vtkSmartPointer<vtkCellArray> pPolys =
              vtkSmartPointer<vtkCellArray>::New();
        pPolys->InsertNextCell(3);              // number of points
        pPolys->InsertCellPoint(0);             // Point's ID
        pPolys->InsertCellPoint(1);
        pPolys->InsertCellPoint(2);
        pPolys->InsertNextCell(3);
        pPolys->InsertCellPoint(1);
        pPolys->InsertCellPoint(3);
        pPolys->InsertCellPoint(2);

        vtkSmartPointer<vtkPolyData> pPolyData =
              vtkSmartPointer<vtkPolyData>::New();
```

```
pPolyData->SetPoints(pPoints);        // 위치 정보
pPolyData->SetPolys(pPolys);          // 형태 정보

// Create a mapper and actor
vtkSmartPointer<vtkPolyDataMapper> mapper =
        vtkSmartPointer<vtkPolyDataMapper>::New();
mapper->SetInputData( pPolyData );
vtkSmartPointer<vtkActor> actor =
        vtkSmartPointer<vtkActor>::New();
actor->SetMapper( mapper );


///////////////////////////////////////////////////////////////////
// Visualize
vtkSmartPointer<vtkRenderer> renderer =
        vtkSmartPointer<vtkRenderer>::New();
renderer->AddActor( actor );
renderer->SetBackground( .1, .2, .3 );
renderer->ResetCamera();

//rendering
m_vtkWindow->AddRenderer( renderer );
m_vtkWindow->Render();
}
```

선, 사각형, 구, 원추, 육면체 등 3차원 그래픽스에서 주로 사용되는 기본적인 오브젝트를 vtkPolyData 형식으로 쉽게 만들 수 있도록 몇 가지 클래스가 제공된다. 이러한 클래스들의 이름은 끝부분이 Source로 되어 있다.

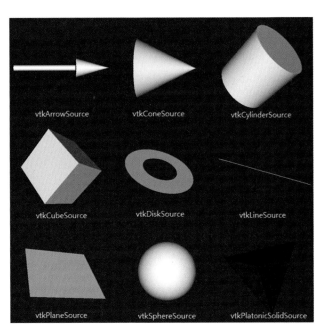

그림 3-40　VTK가 제공하는 기본 Object의 예

🔷 코드 3.3.2 화살표 object 생성하기 (vtkMFCDlgExDlg.cpp)

```
#include <vtkArrowSource.h>              // 코드 앞 부분에 추가


void CvtkMFCDlgExDlg::OnButtonExVtkarrow()
{
        vtkSmartPointer<vtkArrowSource> pArrow =
                vtkSmartPointer<vtkArrowSource>::New();
        pArrow->SetShaftRadius( 0.03 );                    // 파라미터 설정 (Option)
        pArrow->SetShaftResolution( 100 );
        pArrow->SetTipRadius( 0.1 );
        pArrow->SetTipLength( 0.35 );
        pArrow->SetTipResolution( 100 );
        pArrow->Update();

        vtkSmartPointer<vtkPolyData> pPolyData =
                pArrow->GetOutput();          // vtkPolyData 받아 오기

        // Create a mapper and actor
```

```
        vtkSmartPointer<vtkPolyDataMapper> mapper =
                vtkSmartPointer<vtkPolyDataMapper>::New();
        mapper->SetInputData( pPolyData );
        vtkSmartPointer<vtkActor> actor =
                vtkSmartPointer<vtkActor>::New();
        actor->SetMapper( mapper );


        ///////////////////////////////////////////////////////////////
        // Visualize
        vtkSmartPointer<vtkRenderer> renderer =
                vtkSmartPointer<vtkRenderer>::New();
        renderer->AddActor( actor );
        renderer->SetBackground( .1, .2, .3 );
        renderer->ResetCamera();


        //rendering
        m_vtkWindow->AddRenderer( renderer );
        m_vtkWindow->Render();
}
```

3차원 형상의 복잡한 모델을 vtkPolyData로 구성할 경우, 수많은 위치 및 형태 정보를 직접 코드로 입력하기란 어려움이 있다. 따라서 파일로부터 읽어 들이고 저장할 수 있는 기능이 제공된다. Mesh data의 일반적인 파일 형식은 .stl, .ply, .obj가 있으며 이들의 불러오기/저장하기 클래스를 이용하여 파일 입출력이 가능하다.

✛ 코드 3.3.3 Mesh 파일 불러오기 및 저장하기 (vtkMFCDlgExDlg.cpp)

```
#include <vtkSTLReader.h>
#include <vtkSTLWriter.h>                        // 코드 앞 부분에 추가


void CvtkMFCDlgExDlg::OnButtonExVtkstlreader()
{
        vtkSmartPointer<vtkSTLReader> pSTLReader =
```

```
                vtkSmartPointer<vtkSTLReader>::New();
pSTLReader->SetFileName("../data/example.stl");  // 읽을 파일 지정
pSTLReader->Update();


vtkSmartPointer<vtkPolyData> pPolyData =
        pSTLReader->GetOutput();                 // vtkPolyData 형식으로 받아 오기


vtkSmartPointer<vtkSTLWriter> pSTLWriter =
        vtkSmartPointer<vtkSTLWriter>::New();
pSTLWriter->SetInputData(pPolyData);             // 저장할 vtkPolyData
pSTLWriter->SetFileName("../data/example1.stl"); // 저장할 파일 지정
pSTLWriter->Write();
// 저장하기


// Create a mapper and actor
vtkSmartPointer<vtkPolyDataMapper> mapper =
     vtkSmartPointer<vtkPolyDataMapper>::New();
mapper->SetInputData( pPolyData );
vtkSmartPointer<vtkActor> actor =
     vtkSmartPointer<vtkActor>::New();
actor->SetMapper( mapper );


////////////////////////////////////////////////////////////////
// Visualize
vtkSmartPointer<vtkRenderer> renderer =
        vtkSmartPointer<vtkRenderer>::New();
renderer->AddActor( actor );
renderer->SetBackground( .1, .2, .3 );
renderer->ResetCamera();

//rendering
m_vtkWindow->AddRenderer( renderer );
m_vtkWindow->Render();
}
```

3-3-2 vtkPolyData - 그리기

vtkPolyData를 그리기 위해서는 2-2절에서 설명하였듯, 가시화 파이프라인이라
는 일련의 과정을 거치는데 PolyData→Mapper→Actor→Renderer→Render
Window 순으로 연결되어야 한다. 1개의 vtkPolyData를 그리기 위해서는 1개의
vtkPolyDataMapper와 1개의 vtkActor가 필요하다. 이렇게 생성된 Actor는 기존
에 생성된 Renderer에 AddActor()를 통하여 추가하거나, 새롭게 vtkRenderer를
생성하여 Render Window에 AddRenderer()를 통하여 추가할 수 있다.

⊕ 코드 3.3.4 vtkPolyData를 그리기 위한 pipeline

```
vtkSmartPointer<vtkArrowSource> arrow =
        vtkSmartPointer<vtkArrowSource>::New();           // 화살표 source
vtkSmartPointer<vtkPolyDataMapper> mapper =
        vtkSmartPointer<vtkPolyDataMapper>::New();        // PolyData mapper 생성
mapper->SetInputConnection(arrow->GetOutputPort());       // Mapper에 PolyData 연결
vtkSmartPointer<vtkActor> actor =
        vtkSmartPointer<vtkActor>::New();                 // Actor 생성
actor->SetMapper(mapper);                                 // Actor에 Mapper 연결
```

PolyData의 그리기 속성은 Actor에서 설정할 수 있다. vtkActor는 vtkProperty
를 가지고 있으며 GetProperty()를 통해서 포인터를 받아올 수 있다.

⊕ 코드 3.3.5 그리기 속성 설정 (vtkMFCDlgExDlg.cpp)

```
#include <vtkProperty.h>                                  // 코드 앞 부분에 추가

void CvtkMFCDlgExDlg::OnButtonExVtkproperty()
{
        vtkSmartPointer<vtkArrowSource> arrow =
                vtkSmartPointer<vtkArrowSource>::New();    // 화살표 source


        vtkSmartPointer<vtkPolyDataMapper> mapper =
                vtkSmartPointer<vtkPolyDataMapper>::New(); // PolyData mapper 생성
        mapper->SetInputConnection(arrow->GetOutputPort()); // Mapper에 PolyData 연결
```

```
vtkSmartPointer<vtkActor> actor =
        vtkSmartPointer<vtkActor>::New();                    // Actor 생성
actor->SetMapper(mapper);                                    // Actor에 Mapper 연결

actor->GetProperty()->SetColor( 0, 1, 0 );      // 색상 설정
actor->GetProperty()->SetOpacity( 0.5 );        // 불투명도 설정 0.0:투명 ~ 1.0:불투명
actor->GetProperty()->SetPointSize( 1.0 );      // Vertex 사이즈 설정
actor->GetProperty()->SetLineWidth( 1.0 );      // Line 두께 설정

// VTK_POINTS, VTK_WIREFRAME, VTK_SURFACE
actor->GetProperty()->SetRepresentation(VTK_SURFACE); // 그리기 방법 설정
//actor->GetProperty()->SetTexture(pTexture); // vtkTexture (Texture Mapping)
actor->GetProperty()->BackfaceCullingOn();      // Culling On/Off
actor->GetProperty()->LightingOn();             // Lighting On/Off
actor->GetProperty()->ShadingOn();              // Shading On/Off


/////////////////////////////////////////////////////////////////
// Visualize
vtkSmartPointer<vtkRenderer> renderer =
        vtkSmartPointer<vtkRenderer>::New();
renderer->AddActor( actor );
renderer->SetBackground( .1, .2, .3 );
renderer->ResetCamera();

//rendering
m_vtkWindow->AddRenderer( renderer );
m_vtkWindow->Render();
}
```

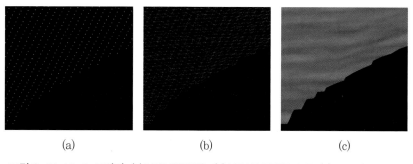

(a)   (b)   (c)

그림 3-41 Mesh 그리기 (a) VTK_POINTS, (b) VTK_WIREFRAME, (c) VTK_SURFACE

3-3-3 vtkPolyData – 처리하기

Clean Poly Data

vtkCleanPolyData는 mesh data의 중복된 point를 합치거나 사용하지 않는 point를 없애는 기능을 가지고 있다. vtkPolyData를 정리할 수 있으며 중복된 점 제거 한계값을 조절하여 mesh의 양을 줄일 수도 있다. 1 Point로 구성된 Line은 Vertex, 2 Point로 구성된 Polygon은 Line, 1 Point로 구성된 Polygon은 Vertex, 3 point로 구성된 Strip은 Polygon, 2 Point로 구성된 Strip은 Line, 1 Point로 구성된 Strip은 Vertex로 수정 변환된다.

코드 3.3.6에서는 코드 3.3.1에 중복하여 추가로 점 2개를 생성시킨 후, vtkClean PolyData를 통하여 불필요한 2개의 중복된 점을 제거한다.

✦ 코드 3.3.6 vtkCleanPolyData (vtkMFCDlgExDlg.cpp)

```cpp
#include <vtkCleanPolyData.h>                    // 코드 앞 부분에 추가

void CvtkMFCDlgExDlg::OnButtonExVtkcleanpolydata()
{
    vtkSmartPointer<vtkPoints> pPoints =
        vtkSmartPointer<vtkPoints>::New();
    pPoints->InsertPoint( 0, 0.0, 0.0, 0.0 );      // InsetPoint (ID,x,y,z);
    pPoints->InsertPoint( 1, 0.0, 1.0, 0.0 );
    pPoints->InsertPoint( 2, 1.0, 0.0, 0.0 );
    pPoints->InsertPoint( 3, 1.0, 1.0, 0.0 );
    pPoints->InsertPoint( 4, 0.0, 1.0, 0.0 );      // 1번 점과 중복
    pPoints->InsertPoint( 5, 1.0, 0.0, 0.0 );      // 2번 점과 중복

    vtkSmartPointer<vtkCellArray> pPolys =
        vtkSmartPointer<vtkCellArray>::New();
    pPolys->InsertNextCell( 3 );                   // number of points
    pPolys->InsertCellPoint( 0 );                  // Point's ID
    pPolys->InsertCellPoint( 1 );
    pPolys->InsertCellPoint( 2 );
```

```
pPolys->InsertNextCell( 3 );
pPolys->InsertCellPoint( 4 );
pPolys->InsertCellPoint( 3 );
pPolys->InsertCellPoint( 5 );

vtkSmartPointer<vtkPolyData> pPolyData =
        vtkSmartPointer<vtkPolyData>::New();
pPolyData->SetPoints( pPoints );              // 위치 정보
pPolyData->SetPolys( pPolys );                // 형태 정보

int nPt = pPolyData->GetNumberOfPoints();     // nPt = 6
int nPoly = pPolyData->GetNumberOfPolys();    // nPoly = 2

vtkSmartPointer<vtkCleanPolyData> pClean =
        vtkSmartPointer<vtkCleanPolyData>::New();
pClean->SetInputData( pPolyData );
pClean->Update();

pPolyData->DeepCopy( pClean->GetOutput() );   // vtkPolyData 복사하기
nPt = pPolyData->GetNumberOfPoints();         // nPt = 4
nPoly = pPolyData->GetNumberOfPolys();        // nPoly = 2


// Create a mapper and actor
vtkSmartPointer<vtkPolyDataMapper> mapper =
        vtkSmartPointer<vtkPolyDataMapper>::New();
mapper->SetInputData( pPolyData );
vtkSmartPointer<vtkActor> actor =
        vtkSmartPointer<vtkActor>::New();
actor->SetMapper( mapper );

/////////////////////////////////////////////////////////////////
// Visualize
vtkSmartPointer<vtkRenderer> renderer =
        vtkSmartPointer<vtkRenderer>::New();
```

```
    renderer->AddActor( actor );
    renderer->SetBackground( .1, .2, .3 );
    renderer->ResetCamera();

    //rendering
    m_vtkWindow->AddRenderer( renderer );
    m_vtkWindow->Render();
}
```

⫶ Normal vector

vtkPolyDataNormals를 통하여 mesh data의 point에서의 normal 또는 facet(삼각형)에서의 normal을 계산할 수 있다. 또는 FilpNormalsOn() 함수를 통하여 현재 normal vector 방향을 반대로 변환 가능하다. vtkPolyData에 "Normals"라는 이름의 array가 생성되고 다음과 같이 받아올 수 있다. 반대로 vtkPolyData에 normal 벡터 array를 넣어 주기 위해서는 SetNormals()를 이용하면 된다.

- normals->GetOutput()->GetPointData->GetNormals()
- normals->GetOutput()->GetPointData->GetArray("Normals")

그림 3-42와 같이 normal vector 정보를 가지고 있으면 똑같은 mesh data라도 더욱 매끄럽게 렌더링된다.

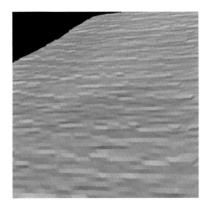 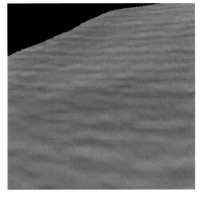

그림 3-42 Normal vector 정보가 없는 mesh(왼쪽)와 vtkPolyDataNormals를 통해 normal vector 정보를 가지고 있는 mesh(오른쪽)의 렌더링 차이

❖ 코드 3.3.7 vtkPolyDataNormals (vtkMFCDlgExDlg.cpp)

```
#include <vtkPolyDataNormals.h>                      // 코드 앞 부분에 추가


void CvtkMFCDlgExDlg::OnButtonExVtkpolydatanormals()
{
        // STL 파일 읽어 오기
        vtkSmartPointer<vtkSTLReader> stlReader =
                vtkSmartPointer<vtkSTLReader>::New();
        stlReader->SetFileName( "../data/example.stl" );
        stlReader->Update();


        /////////////////////////////////////////////////////////////////
        // Filter 처리 vtkPolyData →
        // Normal vector 계산
        vtkSmartPointer<vtkPolyDataNormals> normals =
                vtkSmartPointer<vtkPolyDataNormals>::New();
        normals->SetInputData( stlReader->GetOutput() );
        normals->ComputePointNormalsOn();                   // Point normal 계산
        normals->ComputeCellNormalsOn();                    // Cell normal 계산
        normals->Update();


        // Create a mapper and actor
        vtkSmartPointer<vtkPolyDataMapper> mapper =
                vtkSmartPointer<vtkPolyDataMapper>::New();
        mapper->SetInputConnection( normals->GetOutputPort() );
        vtkSmartPointer<vtkActor> actor =
                vtkSmartPointer<vtkActor>::New();
        actor->SetMapper( mapper );


        /////////////////////////////////////////////////////////////////
        // Visualize
        vtkSmartPointer<vtkRenderer> renderer =
                vtkSmartPointer<vtkRenderer>::New();
        renderer->AddActor( actor );
        renderer->SetBackground( .1, .2, .3 );
```

```
        renderer->ResetCamera();

        //rendering
        m_vtkWindow->AddRenderer( renderer );
        m_vtkWindow->Render();
}
```

Decimation

Mesh data는 필요 이상으로 해상도가 높거나 데이터량이 많으면 렌더링 및 처리하는 데 시간이 많이 걸리므로 간략화할 필요가 있다. vtkDecimatePro, vtkQuadricDecimation, vtkQuadricClustering이 있으며, 특히 vtkQuadricClustering 의 성능이 좋다.

vtkDecimatePro와 vtkQuadricDecimation은 삼각형 mesh만 취급하므로 다각 형 mesh일 경우 vtkTriangleFilter를 이용하여 삼각형 mesh로 구성해 주어야 한 다. 반면 vtkQuadricClustering은 다각형 mesh도 처리가 가능하다.

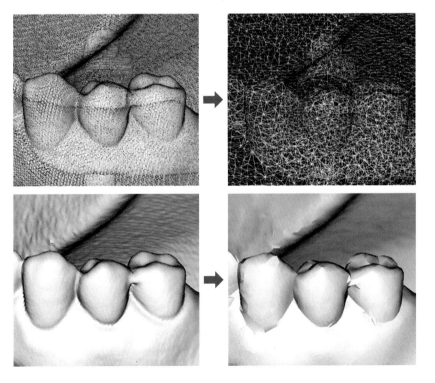

그림 3-43 Decimation 전과 후

➕ 코드 3.3.8 Decimation (vtkMFCDlgExDlg.cpp)

```cpp
#include <vtkDecimatePro.h>
#include <vtkQuadricClustering.h>                      // 코드 앞 부분에 추가


void CvtkMFCDlgExDlg::OnButtonExDecimation()
{
        // STL 파일 읽어 오기
        vtkSmartPointer<vtkSTLReader> stlReader =
                vtkSmartPointer<vtkSTLReader>::New();
        stlReader->SetFileName( "../data/example.stl" );
        stlReader->Update();


        /////////////////////////////////////////////////////////////////////
        // Filter 처리 vtkPolyData(dental.stl) →
        // 1) vtkDecimationPro
        vtkSmartPointer<vtkDecimatePro> decimatePro =
                vtkSmartPointer<vtkDecimatePro>::New();
        decimatePro->SetInputConnection( stlReader->GetOutputPort() );
        decimatePro->SetTargetReduction( 0.9 ); // 전제 mesh 10% 감소
        decimatePro->PreserveTopologyOn();
        decimatePro->Update();


        // 2) vtkQuadricClustering
        vtkSmartPointer<vtkQuadricClustering> qClustering =
                vtkSmartPointer<vtkQuadricClustering>::New();
        qClustering->SetInputConnection( stlReader->GetOutputPort() );
        qClustering->SetNumberOfDivisions( 10, 10, 10 );  // 분할 개수 설정 (생략 가능)
        qClustering->Update();


        // Create a mapper and actor
        vtkSmartPointer<vtkPolyDataMapper> mapper =
                vtkSmartPointer<vtkPolyDataMapper>::New();
        // 두 가지 결과 중 하나를 선택하여 렌더링
        mapper->SetInputConnection( decimatePro->GetOutputPort() );
        //mapper->SetInputConnection( qClustering->GetOutputPort() );
```

```
        vtkSmartPointer<vtkActor> actor =
            vtkSmartPointer<vtkActor>::New();
    actor->SetMapper( mapper );


    //////////////////////////////////////////////////////////////////
    // Visualize
    vtkSmartPointer<vtkRenderer> renderer =
            vtkSmartPointer<vtkRenderer>::New();
    renderer->AddActor( actor );
    renderer->SetBackground( .1, .2, .3 );
    renderer->ResetCamera();


    //rendering
    m_vtkWindow->AddRenderer( renderer );
    m_vtkWindow->Render();
}
```

Smoothing

  광학식 스캐너 또는 CT 영상 등을 통하여 얻어진 mesh data는 노이즈를 많이 포함하고 있으며 표면이 매끄럽지 못할 수 있다. 이른 보정하여 mesh의 면을 평탄하게 해 주는 기능이다. vtkSmoothPolyDataFilter와 vtkWindowedSincPolyDataFilter가 대표적이나 후자가 더 성능이 좋다.

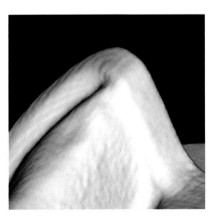

그림 3-44 Smoothing 전과 후

✦ 코드 3.3.9 Smoothing (vtkMFCDlgExDlg.cpp)

```
#include <vtkWindowedSincPolyDataFilter.h>                    // 코드 앞 부분에 추가


void CvtkMFCDlgExDlg::OnButtonExSmoothing()
{
        // STL 파일 읽어 오기
        vtkSmartPointer<vtkSTLReader> stlReader =
                vtkSmartPointer<vtkSTLReader>::New();
        stlReader->SetFileName( "../data/example.stl" );
        stlReader->Update();


        ////////////////////////////////////////////////////////////////////
        // Filter 처리 vtkPolyData(dental.stl) →
        // Smoothing
        vtkSmartPointer<vtkWindowedSincPolyDataFilter> smoothFilter =
                vtkSmartPointer<vtkWindowedSincPolyDataFilter>::New();
        smoothFilter->SetInputConnection( stlReader->GetOutputPort() );
        smoothFilter->SetNumberOfIterations( 100 );       //반복연산 횟수
        smoothFilter->Update();


        // Create a mapper and actor
        vtkSmartPointer<vtkPolyDataMapper> mapper =
                vtkSmartPointer<vtkPolyDataMapper>::New();
        mapper->SetInputConnection( smoothFilter->GetOutputPort() );


        vtkSmartPointer<vtkActor> actor =
                vtkSmartPointer<vtkActor>::New();
        actor->SetMapper( mapper );


        ////////////////////////////////////////////////////////////////////
        // Visualize
        vtkSmartPointer<vtkRenderer> renderer =
                vtkSmartPointer<vtkRenderer>::New();
        renderer->AddActor( actor );
        renderer->SetBackground( .1, .2, .3 );
```

```
        renderer->ResetCamera();

        //rendering
        m_vtkWindow->AddRenderer( renderer );
        m_vtkWindow->Render();
}
```

Connectivity check

vtkPolyDataConnectivityFilter를 이용하여 mesh의 연속성 검사를 할 수 있다. 이를 통해 mesh data에서 가장 큰 영역을 추출하거나 특정 위치에서 연결된 영역 추출 또는 연결된 영역별로 모두 추출하는 것이 가능하다. 노이즈 제거 및 클러스터링(clustering)에 주로 사용된다.

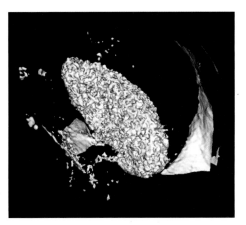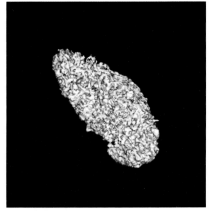

그림 3-45 가장 큰 영역 추출하기 전과 후

⊕ 코드 3.3.10 가장 큰 영역 추출 (vtkMFCDlgExDlg.cpp)

```
#include <vtkPolyDataConnectivityFilter.h>                    // 코드 앞 부분에 추가


void CvtkMFCDlgExDlg::OnButtonExConnectivitycheck()
{
        // STL 파일 읽어 오기
        vtkSmartPointer<vtkSTLReader> stlReader =
                vtkSmartPointer<vtkSTLReader>::New();
```

```
stlReader->SetFileName( "../data/example_connectivity.stl" );
stlReader->Update();


/////////////////////////////////////////////////////////////////////
// Filter 처리 vtkPolyData
vtkSmartPointer<vtkPolyDataConnectivityFilter> conFilter =
        vtkSmartPointer<vtkPolyDataConnectivityFilter>::New();
conFilter->SetInputConnection( stlReader->GetOutputPort() );


// 1) 모든 영역 추출
conFilter->SetExtractionModeToAllRegions();


// 2) 가장 큰 영역 추출
//      conFilter->SetExtractionModeToLargestRegion();


// 3) seed로 연결된 영역 추출
//      conFilter->AddSeed(id);
//      conFilter->SetExtractionModeToCellSeededRegions();       // 3-1) 특정 cell seed
//      conFilter->SetExtractionModeToPointSeededRegions();      // 3-2) 특정 point seed


// 4) 특정 point와 가까운 점과 연결된 영역 추출
//      conFilter->SetClosestPoint(x,y,z);
//      conFilter->SetExtractionModeToClosestPointRegion();


conFilter->Update();


// Create a mapper and actor
vtkSmartPointer<vtkPolyDataMapper> mapper =
        vtkSmartPointer<vtkPolyDataMapper>::New();
mapper->SetInputConnection( conFilter->GetOutputPort() );


vtkSmartPointer<vtkActor> actor =
        vtkSmartPointer<vtkActor>::New();
actor->SetMapper(mapper);
```

```
//////////////////////////////////////////////////////////////////
// Visualize
vtkSmartPointer<vtkRenderer> renderer =
        vtkSmartPointer<vtkRenderer>::New();
renderer->AddActor( actor );
renderer->SetBackground( .1, .2, .3 );
renderer->ResetCamera();


//rendering
m_vtkWindow->AddRenderer( renderer );
m_vtkWindow->Render();


// 1초 기다림
Sleep( 1000 );


// 2) 가장 큰 영역 추출
conFilter->SetExtractionModeToLargestRegion();
conFilter->Update();
m_vtkWindow->Render();
}
```

Clipping

vtkClipPolyData는 vtkPlane으로 설정한 평면으로 mesh data를 절단할 수 있다.

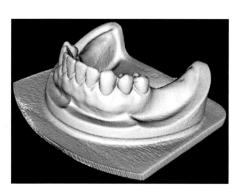 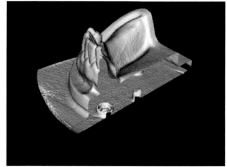

그림 3-46 Clipping 전과 후

⊕ 코드 3.3.11 Clipping (vtkMFCDlgExDlg.cpp)

```cpp
#include <vtkPlane.h>
#include <vtkClipPolyData.h>                            // 코드 앞 부분에 추가


void CvtkMFCDlgExDlg::OnButtonExClipping()
{
        // STL 파일 읽어 오기
        vtkSmartPointer<vtkSTLReader> stlReader =
                vtkSmartPointer<vtkSTLReader>::New();
        stlReader->SetFileName("../data/example.stl");
        stlReader->Update();

        ///////////////////////////////////////////////////////////////////
        // Filter 처리 vtkPolyData
        double center[3];
        stlReader->GetOutput()->GetCenter(center);      // mesh data의 중심

        vtkSmartPointer<vtkPlane> plane =
                vtkSmartPointer<vtkPlane>::New();        // clipping plane 생성
        plane->SetOrigin(center);                       // 원점 설정
        plane->SetNormal(1.0, 0.0, 0.0);                // normal vector 설정

        vtkSmartPointer<vtkClipPolyData> clipper =
                vtkSmartPointer<vtkClipPolyData>::New();
        clipper->SetInputConnection(stlReader->GetOutputPort());   // clip 대상 mesh 설정
        clipper->SetClipFunction(plane);                           // clip 평면 설정
        clipper->Update();

        // Create a mapper and actor
        vtkSmartPointer<vtkPolyDataMapper> mapper =
                vtkSmartPointer<vtkPolyDataMapper>::New();
        mapper->SetInputConnection( clipper->GetOutputPort() );
        vtkSmartPointer<vtkActor> actor =
                vtkSmartPointer<vtkActor>::New();
```

```
        actor->SetMapper(mapper);

        ///////////////////////////////////////////////////////////////
        // Visualize
        vtkSmartPointer<vtkRenderer> renderer =
                vtkSmartPointer<vtkRenderer>::New();
        renderer->AddActor( actor );
        renderer->SetBackground( .1, .2, .3 );
        renderer->ResetCamera();

        //rendering
        m_vtkWindow->AddRenderer( renderer );
        m_vtkWindow->Render();
}
```

❯ Transform

vtkTransformPolyDataFilter를 이용하여 mesh model의 위치 변환이 가능하다. 특히 RotateWXYZ() 함수로 임의의 vector를 중심으로 회전 변환을 할 수 있다.

✦ 코드 3.3.12 Transform (vtkMFCDlgExDlg.cpp)

```
#include <vtkTransform.h>
#include <vtkTransformPolyDataFilter.h>                              // 코드 앞 부분에 추가

void CvtkMFCDlgExDlg::OnButtonExTransform()
{
        // STL 파일 읽어 오기
        vtkSmartPointer<vtkSTLReader> stlReader =
                vtkSmartPointer<vtkSTLReader>::New();
        stlReader->SetFileName( "../data/example.stl" );
        stlReader->Update();

        ///////////////////////////////////////////////////////////////
```

```
    // Filter 처리 vtkPolyData
    vtkSmartPointer<vtkTransform> pTransform =
        vtkSmartPointer<vtkTransform>::New();
    // 1) 변환 직접 설정
    pTransform->Translate( 10.0, 0.0, 0.0 );        // x축으로 10.0 이동
    pTransform->RotateWXYZ( 30, 0.0, 1.0, 0.0 );    // y축 중심으로 30deg 회전


    // 2) 변환 matrix 적용
    //pTransform->SetMatrix(mat);                    // vtkMatrix4x4로 설정 가능

    vtkSmartPointer<vtkTransformPolyDataFilter> pTransformFilter =
        vtkSmartPointer<vtkTransformPolyDataFilter>::New();
    pTransformFilter->SetInputConnection( stlReader->GetOutputPort() );  // 대상 mesh 설정
    pTransformFilter->SetTransform( pTransform );  // 변환 transform 설정
    pTransformFilter->Update();


    // Create a mapper and actor
    vtkSmartPointer<vtkPolyDataMapper> mapper =
        vtkSmartPointer<vtkPolyDataMapper>::New();
    mapper->SetInputConnection( pTransformFilter->GetOutputPort() );
    vtkSmartPointer<vtkActor> actor =
        vtkSmartPointer<vtkActor>::New();
    actor->SetMapper( mapper );


    /////////////////////////////////////////////////////////////////////////
    // Visualize
    vtkSmartPointer<vtkRenderer> renderer =
        vtkSmartPointer<vtkRenderer>::New();
    renderer->AddActor( actor );
    renderer->SetBackground( .1, .2, .3 );
    renderer->ResetCamera();


    //rendering
    m_vtkWindow->AddRenderer( renderer );
    m_vtkWindow->Render();
}
```

▷ Registration

서로 다른 좌표계 또는 서로 다른 장비로부터 얻은 두 개의 mesh data 또는 point cloud를 하나의 좌표계로 변환시키는 것이 정합(registration)이다. 3D 광학식 스캐너로 부분적으로 수차례에 걸쳐 얻은 데이터들 간의 정합을 통하여 비로소 완성된 하나의 모델을 얻을 수 있다. 또한 수술 전 CT로부터 얻은 데이터와 수술 후 CT로부터 얻은 데이터를 비교하기 위해서도 두 데이터 간의 정합이 필요하다.

정합은 3차원 역공학 분야 및 의공학 분야에서 매우 중요하게 다루어지는 기술이다. VTK에서는 source와 target 데이터에 point ID 순서대로 1:1 매칭하는 vtkLandmarkTransform 클래스와 최근 접점을 검색하고 매칭하여 변환 후 다시 최근 접점을 업데이트해 변환을 반복하는 Iterative Closest Point(ICP) 기법을 구현한 vtkIterativeClosestPointTransform 클래스가 있다.

vtkLandmarkTransform은 1976년 Horn에 의해 고안되었다. 3차원 공간상의 source 데이터의 점 집합을 $\{q_i\}$, target 데이터의 점 집합을 $\{p_i\}$라고 할 때, 수식 (1)을 만족시키는 회전행렬 R과 이동벡터 t, 즉 변환행렬을 계산하면 된다. 수식으로 바로 풀리는 문제이므로 그 처리 속도는 매우 빠르다.

$$\min \sum_{i=1}^{n} \|q_i - (Rp_i + t)\|^2 \qquad (1)$$

ICP 기법은 source 데이터에서 target의 최근 접점을 찾아 매칭한 후, 수식 (1)를 풀어 변환행렬을 구하고 source 데이터를 얻어진 변환행렬로 업데이트한 후, 다시 최근 접점을 찾아 매칭하며 이 과정을 계속 반복한다. 최근 접점을 찾는 과정에서 계산 시간이 많이 소요되며, 대응되는 점을 얼마나 정확하게 매칭해 주느냐에 따라 그 정밀도가 결정된다.

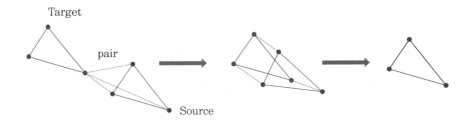

그림 3-47 Iterative Closest Point(ICP) 기법의 개념도

코드 3.3.13 vtkLandmarkTransform (vtkMFCDlgExDlg.cpp)

```cpp
#include <vtkLandmarkTransform.h>                       // 코드 앞 부분에 추가


void CvtkMFCDlgExDlg::OnButtonExRegistrationLandmark()
{
        // 삼각형 1 생성
        vtkSmartPointer<vtkPoints> points1 =
                vtkSmartPointer<vtkPoints>::New();
        points1->InsertNextPoint( -1.5, 0, 0 );
        points1->InsertNextPoint( 1.5, 0, 0 );
        points1->InsertNextPoint( 0, 1, 0 );


        vtkSmartPointer<vtkCellArray> polys1 =
                vtkSmartPointer<vtkCellArray>::New();
        polys1->InsertNextCell( 3 );         // number of points
        polys1->InsertCellPoint( 0 );        // Point's ID
        polys1->InsertCellPoint( 1 );
        polys1->InsertCellPoint( 2 );


        vtkSmartPointer<vtkPolyData> polyData1 =
                vtkSmartPointer<vtkPolyData>::New();
        polyData1->SetPoints( points1 );
        polyData1->SetPolys( polys1 );


        // 삼각형 2 생성
        vtkSmartPointer<vtkPoints> points2 =
                vtkSmartPointer<vtkPoints>::New();
        points2->InsertNextPoint( 4, 2, 0 );
        points2->InsertNextPoint( 2, 4, 0 );
        points2->InsertNextPoint( 2, 2, 0 );


        vtkSmartPointer<vtkCellArray> polys2 =
                vtkSmartPointer<vtkCellArray>::New();
        polys2->InsertNextCell( 3 );              // number of points
```

```
polys2->InsertCellPoint( 0 );          // Point's ID
polys2->InsertCellPoint( 1 );
polys2->InsertCellPoint( 2 );


vtkSmartPointer<vtkPolyData> polyData2 =
        vtkSmartPointer<vtkPolyData>::New();
polyData2->SetPoints( points2 );
polyData2->SetPolys( polys2 );


// 렌더링
vtkSmartPointer<vtkPolyDataMapper> mapper1 =
        vtkSmartPointer<vtkPolyDataMapper>::New();
mapper1->SetInputData( polyData1 );
mapper1->Update();
vtkSmartPointer<vtkActor> actor1
        = vtkSmartPointer<vtkActor>::New();
actor1->SetMapper( mapper1 );
actor1->GetProperty()->SetRepresentationToWireframe();
actor1->GetProperty()->SetColor( 1, 0, 0 );


vtkSmartPointer<vtkPolyDataMapper> mapper2 =
        vtkSmartPointer<vtkPolyDataMapper>::New();
mapper2->SetInputData( polyData2 );
mapper2->Update();
vtkSmartPointer<vtkActor> actor2
        = vtkSmartPointer<vtkActor>::New();
actor2->SetMapper( mapper2 );
actor2->GetProperty()->SetRepresentationToWireframe();
actor2->GetProperty()->SetColor( 0, 1, 0 );


//////////////////////////////////////////////////////////////////////
// Visualize
vtkSmartPointer<vtkRenderer> renderer =
        vtkSmartPointer<vtkRenderer>::New();
renderer->AddActor( actor1 );
```

```
        renderer->AddActor( actor2 );
        renderer->SetBackground( .1, .2, .3 );
        renderer->ResetCamera();


        //rendering
        m_vtkWindow->AddRenderer( renderer );
        m_vtkWindow->Render();


        // 1초 기다림
        Sleep( 1000 );


        // Landmark 정합 수행
        vtkSmartPointer<vtkLandmarkTransform> lmt =
                vtkSmartPointer<vtkLandmarkTransform>::New();
        lmt->SetSourceLandmarks( points1 );        // sorce 데이터 설정(vtkPoints)
        lmt->SetTargetLandmarks( points2 );        // target 데이터 설정(vtkPoints)
        lmt->SetModeToRigidBody();                 // 강체 변환(rigid body transformation)
        lmt->Update();


        actor1->SetUserTransform( lmt );
        m_vtkWindow->Render();
}
```

✦ 코드 3.3.14 ICP 정합 (vtkMFCDlgExDlg.cpp)

```
#include <vtkIterativeClosestPointTransform.h>        // 코드 앞 부분에 추가


void CvtkMFCDlgExDlg::OnButtonExRegistrationICP()
{
        // STL 파일 읽어 오기
        vtkSmartPointer<vtkSTLReader> stlReader1 =
                vtkSmartPointer<vtkSTLReader>::New();
        stlReader1->SetFileName( "../data/example.stl" );
        stlReader1->Update();
```

```cpp
vtkSmartPointer<vtkSTLReader> stlReader2 =
        vtkSmartPointer<vtkSTLReader>::New();
stlReader2->SetFileName( "../data/example_smooth_transform.stl" );
stlReader2->Update();

// Create a mapper and actor
vtkSmartPointer<vtkPolyDataMapper> mapper1 =
        vtkSmartPointer<vtkPolyDataMapper>::New();
mapper1->SetInputConnection( stlReader1->GetOutputPort() );
vtkSmartPointer<vtkActor> actor1 =
        vtkSmartPointer<vtkActor>::New();
actor1->SetMapper( mapper1 );
actor1->GetProperty()->SetColor( 1.0, 1.0, 0.5 );
actor1->GetProperty()->SetOpacity( 0.5 );

vtkSmartPointer<vtkPolyDataMapper> mapper2 =
        vtkSmartPointer<vtkPolyDataMapper>::New();
mapper2->SetInputConnection( stlReader2->GetOutputPort() );
vtkSmartPointer<vtkActor> actor2 =
        vtkSmartPointer<vtkActor>::New();
actor2->SetMapper( mapper2 );
actor2->GetProperty()->SetOpacity( 0.5 );

/////////////////////////////////////////////////////////////////////
// Visualize
vtkSmartPointer<vtkRenderer> renderer =
        vtkSmartPointer<vtkRenderer>::New();
renderer->AddActor( actor1 );
renderer->AddActor( actor2 );
renderer->SetBackground( .1, .2, .3 );
renderer->ResetCamera();

//rendering
m_vtkWindow->AddRenderer( renderer );
```

```
        m_vtkWindow->Render();

        // 1초 기다림
        Sleep( 1000 );

        // ICP 정합
        vtkSmartPointer<vtkIterativeClosestPointTransform> ICP =
                vtkSmartPointer<vtkIterativeClosestPointTransform>::New();
        ICP->SetSource( stlReader1->GetOutput() );        // sorce 데이터 설정 (vtkPolydata)
        ICP->SetTarget( stlReader2->GetOutput() );        // target 데이터 설정 (vtkPolydata)
        ICP->GetLandmarkTransform()->SetModeToRigidBody();// 강체 변환
        ICP->SetMaximumNumberOfIterations( 100 );         // 최대 100번 반복 루프 (default:50번)
        ICP->SetMaximumNumberOfLandmarks( 50 );           // 매칭 점 개수 설정 (default:200개)
        ICP->Update();


        actor1->SetUserTransform( ICP );                  // 변환 transform 설정
        m_vtkWindow->Render();
}
```

3-4　VTK를 이용한 볼륨 렌더링

　일반적으로 잘 알고 있는 2차원 이미지의 색상 정보는 x축, y축으로 나누어진 pixel로 저장된다. 3차원 볼륨 이미지는 2차원 이미지에서 z축 방향으로 pixel이 확장되는 개념인 voxel로 저장된다.

　vtkImageData 클래스를 통하여 2/3차원 이미지 처리가 가능하여 특히 CT, MRI 등 3차원 의료 영상 처리에 많이 응용되고 있다.

3-4-1　vtkImageData

　VTK에서는 2차원 이미지 파일 형식 .bmp, .jpg, .png, .tiff를 읽고 쓸 수 있는 Reader / Writer 클래스를 제공하며, 특히 의료영상 파일 형식인 .dcm을 읽을 수 있다.

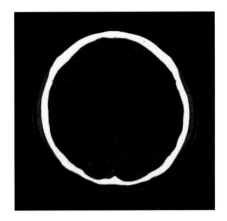

그림 3-48 DICOM 영상 2차원 이미지 가시화

🔹 코드 3.4.1 DICOM File 2차원 이미지 가시화 (vtkMFCDlgExDlg.cpp)

```cpp
#include <vtkDICOMImageReader.h>
#include <vtkImageViewer2.h>          // 코드 앞 부분에 추가


void CvtkMFCDlgExDlg::OnButtonExVtkimagedata()
{
    vtkSmartPointer<vtkDICOMImageReader> dcmReader =
            vtkSmartPointer<vtkDICOMImageReader>::New();
    // 1) file 한 개 불러오기 (2차원 vtkImageData)
    dcmReader->SetFileName("../data/CT/CT.00002.00020.dcm");
    // 2) folder에 있는 파일 모두 불러오기 (3차원 vtkImageData)
//    dcmReader->SetDirectoryName("../data/CT");
    dcmReader->Update();

    // Visualize
    vtkSmartPointer<vtkImageViewer2> imageViewer =
            vtkSmartPointer<vtkImageViewer2>::New();
    imageViewer->SetInputConnection( dcmReader->GetOutputPort() );
    imageViewer->SetRenderWindow( m_vtkWindow );
    imageViewer->Render();
}
```

3-4-2　Marching Cubes

　　Marching cubes 알고리즘은 1987년 Lorensen과 Cline에 의해 제안되었으며 3차원 voxel 데이터에서 특정 값을 설정하여 3차원 mesh data를 생성할 수 있다. 하나의 voxel을 육면체로 보고 각 꼭지점의 scalar 값이 설정된 값보다 높으면 1, 낮으면 0으로 설정한다. 이때 나타날 수 있는 가짓수는 총 $2^8 = 256$가지이나, 회전하여 똑같은 경우가 생기므로 이 예를 제외하면 15가지가 되며, 각각의 경우에 해당하는 삼각형 mesh를 그림 3-49와 같이 설정한다.

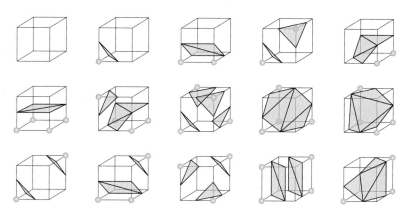

그림 3-49　voxel의 꼭지점 값(0,1) 설정에 따른 삼각형 mesh 생성의 종류(*http://en.wikipedia.org/wiki/Marching_cubes*)

　　이렇게 각 voxel에 대하여 삼각형 mesh가 설정된 후 이를 연결하면 최종적으로 mesh data를 얻게 된다. VTK에서는 vtkImageData를 입력 받아 vtkPolyData로 출력하는 vtkMarchingCubes라는 클래스로 구현되어 있다.

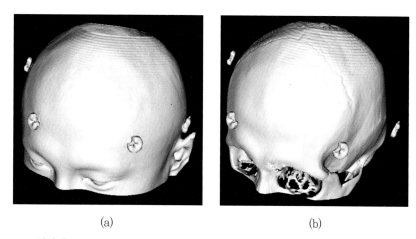

(a)　　　　　　　　　　　(b)

그림 3-50　CT 영상의 marching cube를 통한 3차원 가시화 (a) HU = -200, (b) HU = 330 (HU: Hounsfield Unit)

코드 3.4.2 Marching Cube 알고리즘을 통한 mesh data 생성 (vtkMFCDlgExDlg.cpp)

```cpp
#include <vtkMarchingCubes.h>              // 코드 앞 부분에 추가


void CvtkMFCDlgExDlg::OnButtonExMarchingcubes()
{
        vtkSmartPointer<vtkDICOMImageReader> dcmReader =
                vtkSmartPointer<vtkDICOMImageReader>::New();
        // folder에 있는 파일 모두 불러오기 (3차원 vtkImageData)
        dcmReader->SetDirectoryName( "../data/CT" );
        dcmReader->Update();


        ////////////////////////////////////////////////////////////////////
        // Marching cube filter      (vtkImageData → vtkPolyData)
        vtkSmartPointer<vtkMarchingCubes> pMarchingCube =
                vtkSmartPointer<vtkMarchingCubes>::New();
        pMarchingCube->SetInputConnection( dcmReader->GetOutputPort() );
        pMarchingCube->SetValue( 0, 330 );           // 첫 번째 iso-value 설정 (id,value)
        pMarchingCube->ComputeScalarsOff();
        pMarchingCube->ComputeNormalsOn();        // Normal을 계산
        pMarchingCube->Update();


        // Create a mapper and actor
        vtkSmartPointer<vtkPolyDataMapper> mapper =
                vtkSmartPointer<vtkPolyDataMapper>::New();
        mapper->SetInputConnection( pMarchingCube->GetOutputPort() );
        vtkSmartPointer<vtkActor> actor =
                vtkSmartPointer<vtkActor>::New();
        actor->SetMapper( mapper );


        ////////////////////////////////////////////////////////////////////
        // Visualize
        vtkSmartPointer<vtkRenderer> renderer =
                vtkSmartPointer<vtkRenderer>::New();
        renderer->AddActor( actor );
```

Chapter 3. VTK 실습   **107**

```
        renderer->SetBackground( .1, .2, .3 );
        renderer->ResetCamera();

        //rendering
        m_vtkWindow->AddRenderer( renderer );
        m_vtkWindow->Render();
    }
```

3-4-3 Volume rendering

Volume rendering은 3차원 voxel data를 2차원 이미지로 투영시켜서 보여 주는 방법이다. 투영 방향으로 가상의 ray를 생각하여 미리 설정된 voxel value에 따른 색상, 투명도를 고려하여 ray를 따라 값을 누적시키면 3차원 데이터를 2차원 화면에 가시화할 수 있다. 색상과 불투명도 함수는 vtkColorTransferFunction, vtkPiecewiseFunction으로 설정이 가능하다.

그림 3-51에서는 voxel value 범위 내에서 4개의 지점을 선택하여 그 지점에 해당하는 색상 값 및 불투명도 값을 정의하여 그림 3-52와 같은 결과를 얻을 수 있고, 그림 3-52에서 (a)는 코드 3.4.3의 1) CT-Muscle, (b)는 2) CT BONE 부분에 해당한다. CT voxel은 Hounsfield Unit으로 나타내며 -3024~3071 사이 값을 가지고 있는데 Hounsfield Unit (HU) 값은 공기(air) -1000, 물(water) 0을 기준으로 갖는 값이다. 예를 들어 코드 3.4.3의 CT BONE 설정값 중 세 번째 point 값을 보면, voxel 값 641.38에 해당하는 색상은 AddRGBPoint() 함수를 이용하여 Red 0.91, Green 0.81, Blue 0.55으로, 불투명도는 AddPoint() 함수를 이용하여 0.72로 설정한 것을 알 수 있다.

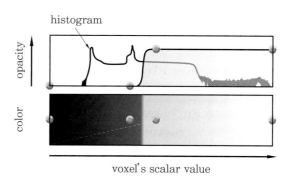

그림 3-51 색상 및 불투명도 함수

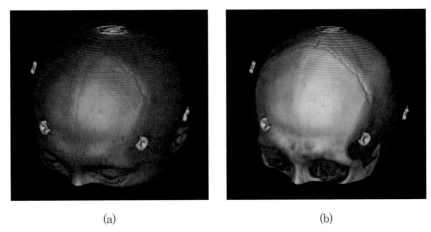

(a)   (b)

그림 3-52 CT 영상의 Volume rendering을 통한 3차원 가시화 (a) CT-Muscle, (b) CT-Bone

코드 3.4.3 Volume Rendering (vtkMFCDlgExDlg.cpp)

```cpp
#include <vtkSmartVolumeMapper.h>
#include <vtkVolumeProperty.h>
#include <vtkPiecewiseFunction.h>
#include <vtkColorTransferFunction.h>
#include <vtkVolume.h>              // 코드 앞 부분에 추가


void CvtkMFCDlgExDlg::OnButtonExVolumeRendering()
{
    // CT 영상 불러오기
    vtkSmartPointer<vtkDICOMImageReader> dcmReader =
            vtkSmartPointer<vtkDICOMImageReader>::New();
    dcmReader->SetDirectoryName( "../data/CT" );
    dcmReader->Update();

    // Rendering Opacity 값 설정
    vtkSmartPointer<vtkPiecewiseFunction> compositeOpacity =
            vtkSmartPointer<vtkPiecewiseFunction>::New();
    // 1) CT MUSCLE
    compositeOpacity->AddPoint( -3024, 0 );
    compositeOpacity->AddPoint( -155.41, 0 );
    compositeOpacity->AddPoint( 217.64, 0.68 );
```

```
compositeOpacity->AddPoint( 419.74, 0.83 );
compositeOpacity->AddPoint( 3071, 0.80 );
// 2) CT BONE
//     compositeOpacity->AddPoint( -3024, 0 );
//     compositeOpacity->AddPoint( -16.45, 0 );
//     compositeOpacity->AddPoint( 641.38, .72 );
//     compositeOpacity->AddPoint( 3071, .71 );


// Rendering Color 값 설정
vtkSmartPointer<vtkColorTransferFunction> color =
        vtkSmartPointer<vtkColorTransferFunction>::New();
// 1) CT MUSCLE
color->AddRGBPoint( -3024, 0, 0, 0 );
color->AddRGBPoint( -155.41, .55, .25, .15 );
color->AddRGBPoint( 217.64, .88, .60, .29 );
color->AddRGBPoint( 419.74, 1, .94, .95 );
color->AddRGBPoint( 3071, .83, .66, 1 );
// 2) CT BONE
//     color->AddRGBPoint( -3024, 0, 0, 0);
//     color->AddRGBPoint( -16.45, .73, .25, .30);
//     color->AddRGBPoint( 641.38, .91, .82, .55);
//     color->AddRGBPoint( 3071, 1, 1, 1);


// Smart Volume Mapper 사용
vtkSmartPointer<vtkSmartVolumeMapper> volumeMapper =
        vtkSmartPointer<vtkSmartVolumeMapper>::New();
volumeMapper->SetInputConnection( dcmReader->GetOutputPort() );
volumeMapper->SetBlendModeToComposite();     // 블렌딩 모드 설정 (composite first)


// Volume 그리기 속성 설정
vtkSmartPointer<vtkVolumeProperty> volumeProperty =
        vtkSmartPointer<vtkVolumeProperty>::New();
volumeProperty->ShadeOn();
volumeProperty->SetInterpolationType( VTK_LINEAR_INTERPOLATION );
volumeProperty->SetColor( color );
```

```cpp
        volumeProperty->SetScalarOpacity( compositeOpacity );

        // vtkVolume은 Volume rendering을 위한 Actor 역할을 한다
        vtkSmartPointer<vtkVolume> volume =
                vtkSmartPointer<vtkVolume>::New();
        volume->SetMapper( volumeMapper );
        volume->SetProperty( volumeProperty );


        /////////////////////////////////////////////////////////////////////
        // Visualize
        vtkSmartPointer<vtkRenderer> renderer =
                vtkSmartPointer<vtkRenderer>::New();
        // vtkVolume은 AddActor가 아닌 AddViewProp 함수로 추가
        renderer->AddViewProp( volume );
        renderer->SetBackground( .1, .2, .3 );
        renderer->ResetCamera();


        //rendering
        m_vtkWindow->AddRenderer( renderer );
        m_vtkWindow->Render();
}
```

3-4-4　Volume Clipping

　vtkExtractVOI를 이용하여 volume data의 원하는 영역을 설정하고 추출해 새로
운 볼륨 데이터를 구성하거나 Mapper에서 AddClippingPlane() 함수를 이용하여
데이터는 유지한 상태에서, 렌더링만 원하는 임의의 평면으로 잘라서 할 수 있다.

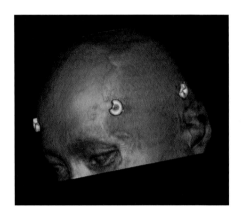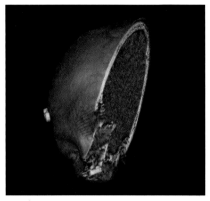

그림 3-53 Volume Clipping 전과 후

🔶 코드 3.4.4   Volume Clipping (vtkMFCDlgExDlg.cpp)

```cpp
#include <vtkImageData.h>          // 코드 앞 부분에 추가

void CvtkMFCDlgExDlg::OnButtonExVolumeClipping()
{
        // CT 영상 불러오기
        vtkSmartPointer<vtkDICOMImageReader> dcmReader =
                vtkSmartPointer<vtkDICOMImageReader>::New();
        dcmReader->SetDirectoryName( "../data/CT" );
        dcmReader->Update();


        /////////////////////////////////////////////////////////////////
        // 1) 새로운 볼륨으로 추출해 내기
        int ext[6];
        dcmReader->GetOutput()->GetExtent( ext );  // volume의 extent 받아 오기

        // VOI 설정 (x축 방향 반으로 절단하기)
        vtkSmartPointer<vtkExtractVOI> extractVOI =
                vtkSmartPointer<vtkExtractVOI>::New();
        extractVOI->SetInputConnection( dcmReader->GetOutputPort() );
        extractVOI->SetVOI( ext[0], (ext[1] - ext[0]) / 2, ext[2], ext[3], ext[4], ext[5] );
        extractVOI->Update();
```

```
vtkSmartPointer<vtkSmartVolumeMapper> volumeMapper1 =
        vtkSmartPointer<vtkSmartVolumeMapper>::New();
volumeMapper1->SetInputConnection( extractVOI->GetOutputPort() );
volumeMapper1->SetBlendModeToComposite();


//////////////////////////////////////////////////////////////////
// 2) 렌더링만 clipping하기
double center[3];
dcmReader->GetOutput()->GetCenter( center ); // volume data의 중심
vtkSmartPointer<vtkPlane> plane =
        vtkSmartPointer<vtkPlane>::New();         // clipping plane 생성
plane->SetOrigin( center );                       // 원점 설정
plane->SetNormal( -1.0, 1.0, -1.0 );              // normal vector 설정


vtkSmartPointer<vtkSmartVolumeMapper> volumeMapper2 =
        vtkSmartPointer<vtkSmartVolumeMapper>::New();
volumeMapper2->SetInputConnection( dcmReader->GetOutputPort() );
volumeMapper2->SetBlendModeToComposite();        // composite first
volumeMapper2->AddClippingPlane( plane );


// Rendering Opacity 값 설정
vtkSmartPointer<vtkPiecewiseFunction> compositeOpacity =
        vtkSmartPointer<vtkPiecewiseFunction>::New();
// 1) CT MUSCLE
compositeOpacity->AddPoint( -3024, 0 );
compositeOpacity->AddPoint( -155.41, 0 );
compositeOpacity->AddPoint( 217.64, 0.68 );
compositeOpacity->AddPoint( 419.74, 0.83 );
compositeOpacity->AddPoint( 3071, 0.80 );


// Rendering Color 값 설정
vtkSmartPointer<vtkColorTransferFunction> color =
        vtkSmartPointer<vtkColorTransferFunction>::New();
// 1) CT MUSCLE
```

```
color->AddRGBPoint( -3024, 0, 0, 0 );
color->AddRGBPoint( -155.41, .55, .25, .15 );
color->AddRGBPoint( 217.64, .88, .60, .29 );
color->AddRGBPoint( 419.74, 1, .94, .95 );
color->AddRGBPoint( 3071, .83, .66, 1 );

// Volume 그리기 속성 설정
vtkSmartPointer<vtkVolumeProperty> volumeProperty =
        vtkSmartPointer<vtkVolumeProperty>::New();
volumeProperty->ShadeOn();
volumeProperty->SetInterpolationType( VTK_LINEAR_INTERPOLATION );
volumeProperty->SetColor( color );
volumeProperty->SetScalarOpacity( compositeOpacity ); // composite first.

// vtkVolume은 Volume rendering을 위한 Actor 역할을 한다
vtkSmartPointer<vtkVolume> volume =
        vtkSmartPointer<vtkVolume>::New();
volume->SetProperty( volumeProperty );
// 두 가지 방법 중 하나를 선택하여 렌더링
//      volume->SetMapper( volumeMapper1 );
volume->SetMapper( volumeMapper2 );

// Visualize
vtkSmartPointer<vtkRenderer> renderer =
        vtkSmartPointer<vtkRenderer>::New();
renderer->AddViewProp( volume );
renderer->SetBackground( .1, .2, .3 ); // Background color dark blue
renderer->ResetCamera();

//////////////////////////////////////////////////////////////////
//rendering
m_vtkWindow->AddRenderer( renderer );
m_vtkWindow->Render();
}
```

3-5 사용자 인터페이스

3-5-1 Interactors

사용자와 VTK 사이를 연결해 주는 vtkRenderWindowInteractor를 통해서 여러 가지 컨트롤이 가능하다. vtkRenderWindowInteractor는 마우스, 키보드, 타임 이벤트에 따라 컨트롤할 수 있다. 코드 3.5.1은 사용자 이벤트 설정을 위하여 call back 기능을 이용한 예제이다. vtkInteractorStyle을 이용하여 Interactor를 트랙볼 또는 조이스틱 등으로 그 스타일을 설정할 수 있다. vtkRenderWindowInteractor와 vtkInteractorStyle의 기본적인 생성 과정은 코드 3.1.3을 참고하도록 한다.

- vtkInteractorStyleTackballCamera – 사용자가 트랙볼 스타일로 카메라를 조정할 수 있게 한다(rotate, pan, zoom 등).
- vtkInteractorStyleJoystickCamera – 사용자가 조이스틱 스타일로 카메라를 조정할 수 있게 한다.
- vtkInteractorStyleFlight – 카메라를 비행 모드 스타일로 설정한다.
- vtkInteractorStyleImage – vtkImageActor를 통해 그려진 이미지를 조정하기 위한 스타일이며 window/level 설정 등을 제공한다.
- vtkInteractorStyleRubberbandZoom – 화면에 사각형이 그려지며 사각형 안의 영역이 화면 전체로 확대된다.
- vtkInteractorStyleUnicam – 싱글 마우스 버튼 컨트롤 스타일이다.

✛ 코드 3.5.1 vtkRenderWindowInteractor 이벤트 설정하기 (vtkMFCDlgExDlg.cpp)

```
#include <vtkCallbackCommand.h>
#include <vtkRenderWindowInteractor.h>        // 코드 앞 부분에 추가

// 1. Call back 함수 생성
void KeyPressCallbackFunc( vtkObject* caller, long unsigned int eventId,
        void* clientData, void* callData )
{
        MessageBox( NULL, _T( "Key Press Event" ), _T( "Pop-up" ), MB_OK );
```

```
}

void CvtkMFCDlgExDlg::OnButtonExInteractor()
{
        // 콘 생성 및 렌더링
        vtkSmartPointer<vtkConeSource> coneSource =
                vtkSmartPointer<vtkConeSource>::New();
        vtkSmartPointer<vtkPolyDataMapper> mapper =
                vtkSmartPointer<vtkPolyDataMapper>::New();
        mapper->SetInputConnection( coneSource->GetOutputPort() );
        vtkSmartPointer<vtkActor> actor =
                vtkSmartPointer<vtkActor>::New();
        actor->SetMapper( mapper );

        ////////////////////////////////////////////////////////////////////
        // Visualize
        vtkSmartPointer<vtkRenderer> renderer =
                vtkSmartPointer<vtkRenderer>::New();
        renderer->AddActor( actor );
        renderer->SetBackground( .1, .2, .3 );
        renderer->ResetCamera();

        //rendering
        m_vtkWindow->AddRenderer( renderer );
        m_vtkWindow->Render();

        ////////////////////////////////////////////////////////////////////
        // 2.   vktCallbackCommand에 생성된 함수 연결
        vtkSmartPointer<vtkCallbackCommand> keypressCallback =
                vtkSmartPointer<vtkCallbackCommand>::New();
        keypressCallback->SetCallback( KeyPressCallbackFunc );

        ////////////////////////////////////////////////////////////////////
        // 3.   Interactor에 observer 추가
        // AddObserve ( vtkCommand::이벤트, vtkCallbackCommand-실행될 함수 )
```

```
        m_vtkWindow->GetInteractor()->AddObserver( vtkCommand::KeyPressEvent,
keypressCallback );
}
```

Picking

마우스 picking은 코드 3.5.1에서 설명한 이벤트 observer 추가를 통하여 구현할
수 있다. vtk에서 제공하는 pick은 vtkPointPicker, vtkCellPicker vtkAreaPicker,
vtkVolumePicker 등이 있다. 코드 3.5.2는 cell picking을 간단하게 구현한 예제이
다. 주로 interactor style 클래스를 상속받아 picker 클래스를 멤버 변수로 추가하
여 새로운 interactor style 클래스를 생성해 사용한다. 이렇게 하면 마우스 이벤트
를 처리하기에 용이하다.

➕ 코드 3.5.2 Cell Picking (vtkMFCDlgExDlg.cpp)

```cpp
#include <vtkCellPicker.h>          // 코드 앞 부분에 추가

// 1.  Call back 함수 생성
void PickCallbackFunction( vtkObject* caller, long unsigned int eventId,
      void* clientData, void* callData )
{
      // Interactor 가져오기
      vtkSmartPointer<vtkRenderWindowInteractor> interactor =
            vtkRenderWindowInteractor::SafeDownCast( caller );
      if( interactor == NULL ) return;

      // 마우스 클릭 위치
      int pos[2];
      interactor->GetLastEventPosition( pos );

      // 마우스 클릭 위치에서 Picking 수행
      vtkSmartPointer<vtkCellPicker> picker =
            vtkSmartPointer<vtkCellPicker>::New();
```

```
        picker->SetTolerance( 0.005 );              // picking 감도 설정
        picker->Pick( pos[0], pos[1], 0,
              interactor->GetRenderWindow()->GetRenderers()->GetFirstRenderer() );


        vtkIdType cellId = picker->GetCellId();      // -1이면 picking되지 않음
        if( cellId != -1 ) MessageBox( NULL, _T("Pick Event"), _T("Pop-up"), MB_OK );
}


void CvtkMFCDlgExDlg::OnButtonExPicking()
{
        // 콘 생성 및 렌더링
        vtkSmartPointer<vtkConeSource> coneSource =
              vtkSmartPointer<vtkConeSource>::New();
        vtkSmartPointer<vtkPolyDataMapper> mapper =
              vtkSmartPointer<vtkPolyDataMapper>::New();
        mapper->SetInputConnection( coneSource->GetOutputPort() );
        vtkSmartPointer<vtkActor> actor =
              vtkSmartPointer<vtkActor>::New();
        actor->SetMapper( mapper );


        ///////////////////////////////////////////////////////////////
        // Visualize
        vtkSmartPointer<vtkRenderer> renderer =
              vtkSmartPointer<vtkRenderer>::New();
        renderer->AddActor( actor );
        renderer->SetBackground( .1, .2, .3 );
        renderer->ResetCamera();

        //rendering
        m_vtkWindow->AddRenderer( renderer );
        m_vtkWindow->Render();


        ///////////////////////////////////////////////////////////////
        // 2.  vktCallbackCommand에 생성된 함수 연결
        vtkSmartPointer<vtkCallbackCommand> pickCallback =
```

```
            vtkSmartPointer<vtkCallbackCommand>::New();
     pickCallback->SetCallback( PickCallbackFunction );

     ///////////////////////////////////////////////////////////
     // 3.   Interactor에 observer 추가
     m_vtkWindow->GetInteractor()->
            AddObserver( vtkCommand::LeftButtonPressEvent, pickCallback );
}
```

3-5-3 Widget 사용하기

사용자 편의를 위해 VTK에서는 widget으로 여러 기능을 제공하고 있다. 3-1절에서 소개한 프레임워크 프로젝트에서 vtkRenderWindow는 헤더 파일에 멤버 변수로 선언이 되었다. 이는 클래스 내에서 계속 사용되기 때문이다. Widget 또한 Render Window와 같이 멤버 변수로 선언하여 사용하는 것이 바람직하다. 그림 3-51은 VTK에서 제공하는 대표적인 widget이다.

✦ 코드 3.5.3 예제 프로젝트에 widget 만들기 (주석에 표시된 파일에 작성)

```
// stdafx.h
#include <vtkAbstractWidget.h>
#include <vtkAngleWidget.h>
#include <vtkImagePlaneWidget.h>
#include <vtkCaptionWidget.h>
#include <vtkOrientationMarkerWidget.h>
#include <vtkTextWidget.h>

// vtkMFCDlgExDlg.h : header file
public:
     vtkSmartPointer<vtkRenderWindow>              m_vtkWindow;

     // Widget 선언
```

```
vtkSmartPointer<vtkAngleWidget>                    m_angleWidget;
vtkSmartPointer<vtkImagePlaneWidget>               m_imageWidget;
vtkSmartPointer<vtkCaptionWidget>                  m_captionWidget;
vtkSmartPointer<vtkOrientationMarkerWidget>        m_orientationWidget;
vtkSmartPointer<vtkTextWidget>                     m_textWidget;

void InitVtkWindow(void* hWnd);        // Initialize VTK Window
void ResizeVtkWindow();                // Resize VTK window
```

```
// vtkMFCDlgExDlg.cpp : implementation file
#include <vtkCaptionActor2D.h>
#include <vtkTextActor.h>
#include <vtkTextProperty.h>
#include <vtkAnnotatedCubeActor.h>              // 코드 앞 부분에 추가

void CvtkMFCDlgExDlg::OnButtonExWidget()
{
    // 콘 생성 및 렌더링
    vtkSmartPointer<vtkConeSource> coneSource =
        vtkSmartPointer<vtkConeSource>::New();
    vtkSmartPointer<vtkPolyDataMapper> mapper =
        vtkSmartPointer<vtkPolyDataMapper>::New();
    mapper->SetInputConnection( coneSource->GetOutputPort() );
    vtkSmartPointer<vtkActor> actor =
        vtkSmartPointer<vtkActor>::New();
    actor->SetMapper( mapper );

    /////////////////////////////////////////////////////////////////
    // Visualize
    vtkSmartPointer<vtkRenderer> renderer =
        vtkSmartPointer<vtkRenderer>::New();
    renderer->AddActor( actor );
    renderer->SetBackground( .1, .2, .3 );
    renderer->ResetCamera();
```

```
//rendering
m_vtkWindow->AddRenderer( renderer );
m_vtkWindow->Render();

// 아래의 각 Widget 설정 부분을 주석 처리하고
// 한 가지씩 주석을 해제하여 확인해 볼 수 있다.
//////////////////////////////////////////////////////////////
// 1) Angle Widget 설정
m_angleWidget = vtkSmartPointer<vtkAngleWidget>::New();
m_angleWidget->SetInteractor( m_vtkWindow->GetInteractor() );
m_angleWidget->CreateDefaultRepresentation();
m_angleWidget->On();


//////////////////////////////////////////////////////////////
// 2) vtkImagePlaneWidget 설정 (볼륨의 단면)
vtkSmartPointer<vtkDICOMImageReader> dcmReader =
        vtkSmartPointer<vtkDICOMImageReader>::New();
dcmReader->SetDirectoryName( "../data/CT" );
dcmReader->Update();

m_imageWidget = vtkSmartPointer<vtkImagePlaneWidget>::New();
m_imageWidget->SetInteractor( m_vtkWindow->GetInteractor() );
m_imageWidget->SetInputData( dcmReader->GetOutput() );
m_imageWidget->RestrictPlaneToVolumeOn();
m_imageWidget->SetPlaneOrientationToZAxes();
m_imageWidget->SetSliceIndex( 20 );
m_imageWidget->On();

renderer->ResetCamera();
m_vtkWindow->Render();

//////////////////////////////////////////////////////////////
// 3) vtkCaptionWidget 텍스트 설정하여 생성하기
```

```
vtkSmartPointer<vtkCaptionActor2D> captionActor =
        vtkSmartPointer<vtkCaptionActor2D>::New();
captionActor->SetCaption( "vtk programming" );
captionActor->GetTextActor()->GetTextProperty()->SetJustificationToCentered();
captionActor->GetTextActor()->GetTextProperty()->SetVerticalJustificationToCentered();

m_captionWidget = vtkSmartPointer<vtkCaptionWidget>::New();
m_captionWidget->SetInteractor( m_vtkWindow->GetInteractor() );
m_captionWidget->SetCaptionActor2D( captionActor );
m_captionWidget->On();

//////////////////////////////////////////////////////////////////////
// 4) vtkOrientationMarkerWidget 설정하여 생성하기
vtkSmartPointer<vtkAnnotatedCubeActor> cube =
        vtkSmartPointer<vtkAnnotatedCubeActor>::New();

m_orientationWidget = vtkSmartPointer<vtkOrientationMarkerWidget>::New();
m_orientationWidget->SetOrientationMarker( cube );
m_orientationWidget->SetInteractor( m_vtkWindow->GetInteractor() );
m_orientationWidget->SetViewport( 0.0, 0.0, 0.2, 0.2 );
m_orientationWidget->SetEnabled( TRUE );
m_orientationWidget->On();

//////////////////////////////////////////////////////////////////////
// 5) vtkTextWidget 설정하여 생성하기
vtkSmartPointer<vtkTextActor> textActor =
        vtkSmartPointer<vtkTextActor>::New();
textActor->SetInput( "Text" );

m_textWidget = vtkSmartPointer<vtkTextWidget>::New();
m_textWidget->SetInteractor( m_vtkWindow->GetInteractor() );
m_textWidget->SetTextActor( textActor );
m_textWidget->On();
}
```

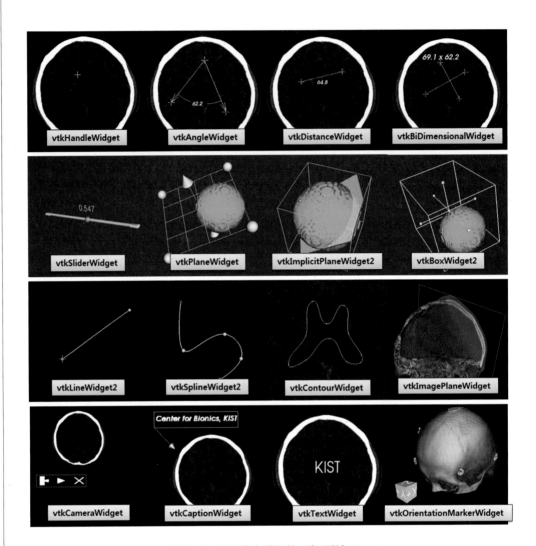

그림 3-54 VTK에서 제공하는 대표적인 Widget

Chapter

4 >>

DICOM Viewer 제작
(고급 응용 프로그램 예제)

DICOM Viewer 제작
(고급 응용 프로그램 예제)

4-1 DICOM Viewer 소개

　CT나 MRI 등의 영상 진단 장비에서 널리 사용되는 의료용 디지털 영상 및 통신 (Digital Imaging and Communications in Medicine, DICOM) 표준 포맷으로 저장된 의료 영상 데이터를 읽고 탐색할 수 있는 프로젝트를 생성해 보자.

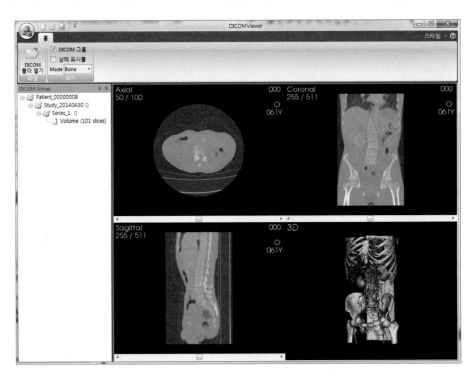

그림 4-1 간단한 DICOM Viewer 프로그램

　이 프로젝트에서는 VTK와 더불어 DICOM 파일을 다룰 수 있는 GDCM 라이브러리(*https://sourceforge.net/projects/gdcm/*)를 사용한다. 이 프로젝트에서 제작할 프로그램에는 다음과 같은 기능을 포함할 것이다.

- ## DICOM 폴더 읽기
  선택한 폴더에서 DICOM 포맷 파일인 dcm 파일을 모두 로드

- ## DICOM 태그 정보 읽기
  DICOM 파일에서 필요한 태그 정보를 선택하여 읽기
- ## DICOM 그룹 분류
  DICOM 태그의 그룹 분류 정보를 읽어, 같은 그룹에 해당하는 파일을 모아 트리 구조로 표현

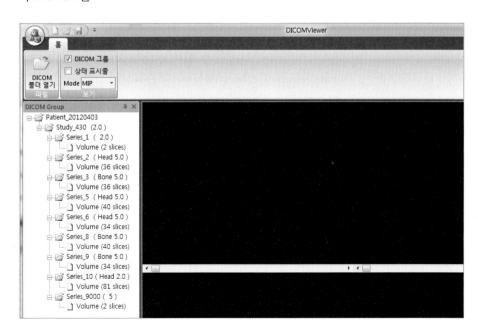

- **동일 그룹의 DICOM Volume 데이터 읽기**

  사용자가 DICOM 트리에서 Volume을 더블 클릭하면 해당 Volume 데이터 로드

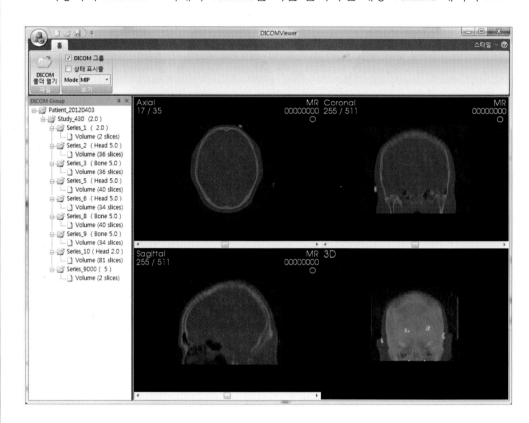

- **Axial, Coronal, Sagittal 방향 슬라이스 이미지 생성**

  해당 Volume의 각 방향별 슬라이스 이미지 생성

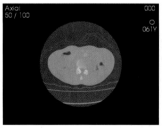 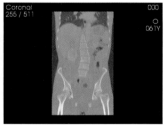 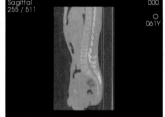

- 스크롤바를 통한 슬라이스 탐색

   사용자가 스크롤바를 움직이면 슬라이스 인덱스를 변경하며 탐색

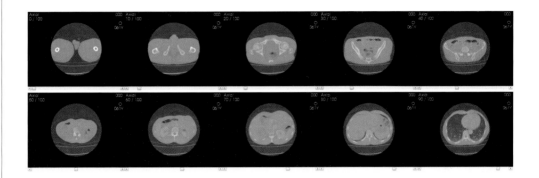

- 3D Volume Rendering

   사용자가 미리 정의된 Volume Rendering 모드를 선택하면 3차원 렌더링 변경

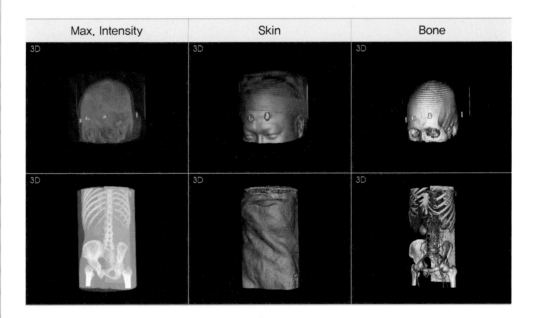

4-2 / 프로젝트 생성 및 환경 설정

　　VTK와 GDCM 라이브러리를 포함하는 MFC 기반의 간단한 샘플 프로젝트를 생성해 보자. 프로젝트 세팅 과정은 대부분 2-1절에서 다룬 내용과 유사하나, GDCM 라이브러리를 사용하는 것이 약간 다르므로 유의하길 바란다.

① 》》 VisualStudio에서 새 프로젝트를 DICOMViewer라는 이름으로 준비한다.
　　"메뉴 > 파일 > 새로 만들기 > 프로젝트" ➡ DICOMViewer 입력

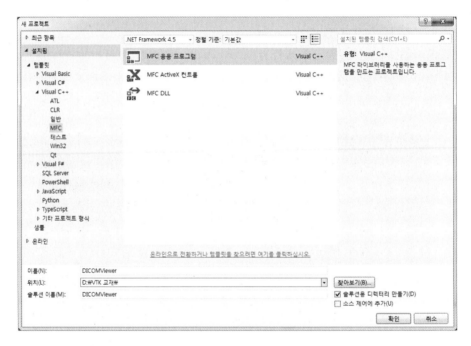

그림 4-2 MFC 기반 새 프로젝트 생성

② 》》 MFC 응용 프로그램 마법사에서 다음과 같이 설정한다.
- 응용 프로그램 종류 : 단일 문서(SDI, Single Document Interface)
- 문서/뷰 아키텍처 지원 체크 해제
- SDL 검사 체크 해제
- 명령 모음 : 리본 사용
- 고급 프레임 창 : 모두 해제

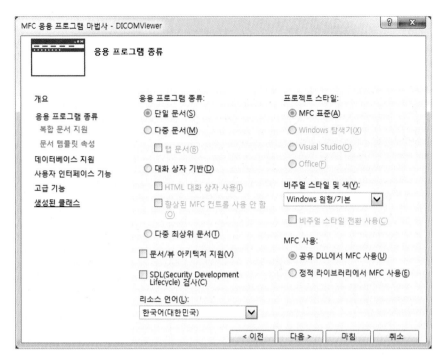

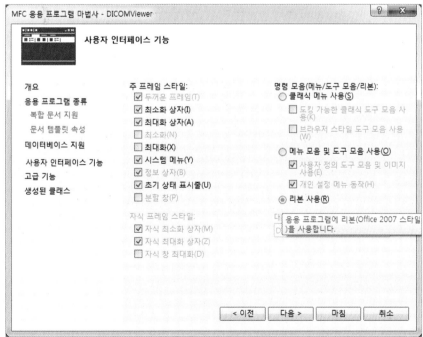

그림 4-3 MFC 프로젝트 설정 #1

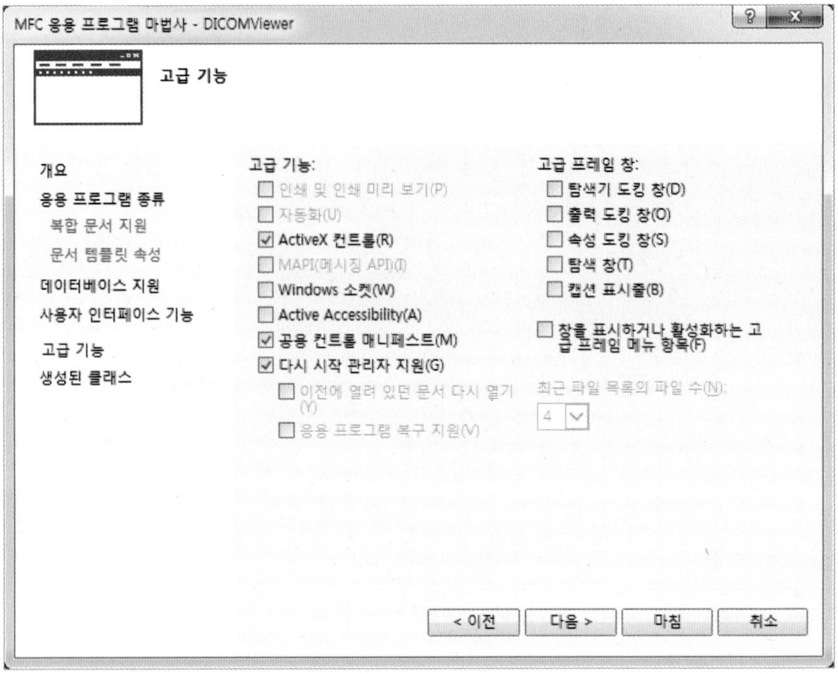

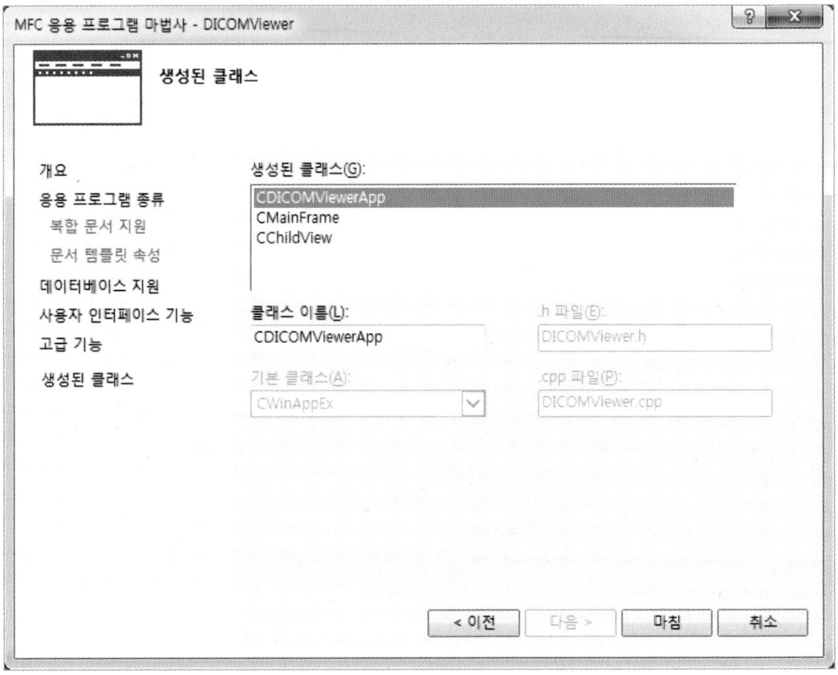

그림 4-4 MFC 프로젝트 설정 #2

③ >> 아래 순서와 같이 64비트 응용 프로그램의 구성을 설정한다.

- "메뉴 > 빌드 > 구성 관리자" 또는 그림과 같이 Win32 목록 아래의 구성관리자 실행
- 활성 솔루션 플랫폼 목록에서 Win32 아래의 < 새로 만들기⋯ >를 클릭
- 새 솔루션 플랫폼 목록 중 x64 선택
- "새 프로젝트 플랫폼 만들기" 체크
- 64비트 플랫폼(x64)이 추가되었는지 확인

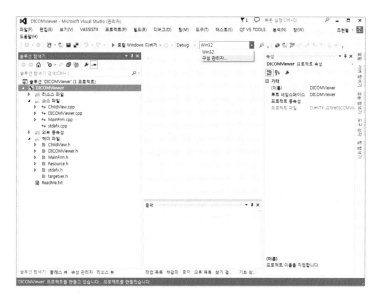

그림 4-5 응용 프로그램 플랫폼 구성 #1

그림 4-6 응용 프로그램 플랫폼 구성 #2

그림 4-7 응용 프로그램 플랫폼 구성 #3

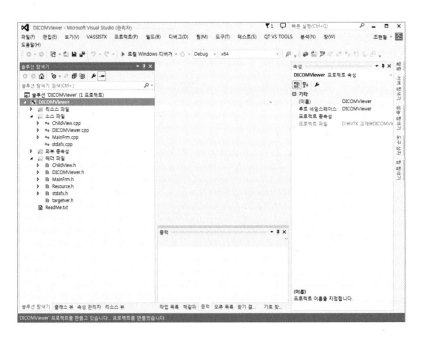

그림 4-8 응용 프로그램 플랫폼 구성 #4

4 >>> VTK 포함 경로 및 라이브러리 링크를 포함하는 속성 시트를 생성한다. VTK 관련 속성 시트를 한 번 설정하여 저장해 두면, 다른 프로젝트를 시작할 때 속성 시트 파일을 복사하여 프로젝트에 포함시키면 되므로 편하게 설정할 수 있다.

- VisualStudio 좌측 탐색 창의 속성 관리자 탭 열기
- 속성 관리자 창이 보이지 않으면, "메뉴 > 보기 > 다른 창 > 속성 관리자" 실행
- "DICOMViewer > Debug | x64" 항목에서 우클릭
- "새 프로젝트 속성 시트 추가" 메뉴를 실행하여 VTK-8.0.0_x64.props를 추가

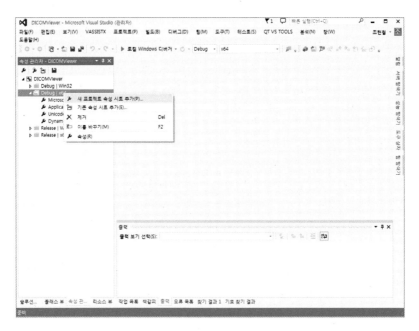

그림 4-9 속성 관리자 - 새 속성 시트 추가

그림 4-10 VTK-8.0.0_x64 속성 시트 추가

⑤ » VTK 속성 시트에서 긴 경로 이름을 반복적으로 쓰는 것을 피하기 위해 사용자 매크로를 추가한다.

- "사용자 매크로" 항목에서 "매크로 추가" 버튼을 클릭하여 추가
- 이름 : VTK_DIR
- 값 : D:\SDK\vtk-8.0.0\$(Configuration)
- $(Configuration)는 현재 프로젝트 구성에 따라 Debug 또는 Release로 미리 정의된 매크로이다. 이렇게 지정하면 프로젝트 구성이 바뀔 때 VTK 라이브러리도 해당하는 구성으로 자동 연결되도록 할 수 있다.

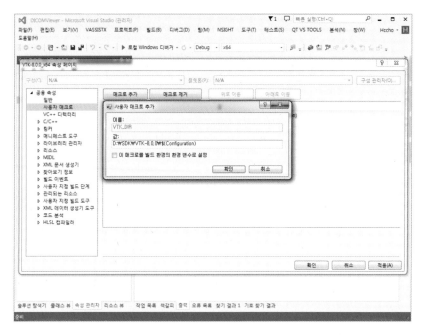

그림 4-11 VTK 디렉터리 매크로 추가

⑥ » VTK 속성 시트의 포함 디렉터리와 라이브러리 디렉터리를 추가한다.

- "VC++ 디렉터리" 항목을 선택
- 포함 디렉터리에 $(VTK_DIR)\include\vtk-8.0 추가
- 라이브러리 디렉터리에 $(VTK_DIR)\lib 추가
- "링커 > 입력" 항목을 선택
- "추가 종속성" 항목에서 < 편집… > 선택
- $(VTK_DIR)\lib에 포함된 모든 lib 파일 추가
- 이 책의 VTK 설치 편에 소개된 바와 같이 윈도우 명령창에서 다음과 같이 쉽게 lib 목록을 얻을 수 있다. (dir /b *.lib > list.txt)

그림 4-12 VTK 포함 디렉터리 추가 #1

그림 4-13 VTK 포함 디렉터리 추가 #2

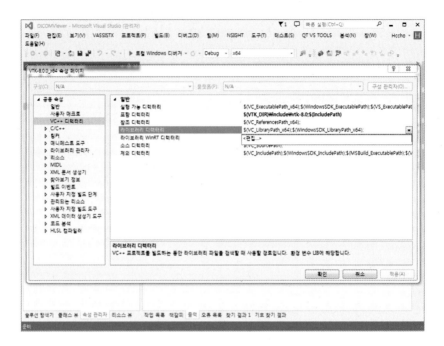

그림 4-14 VTK 라이브러리 디렉터리 추가 #1

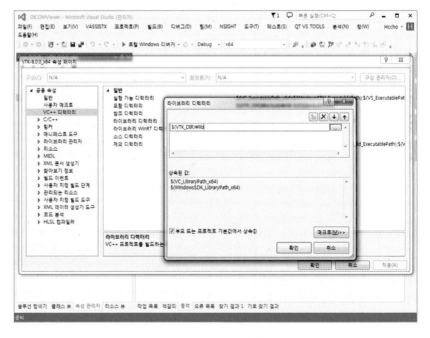

그림 4-15 VTK 라이브러리 디렉터리 추가 #2

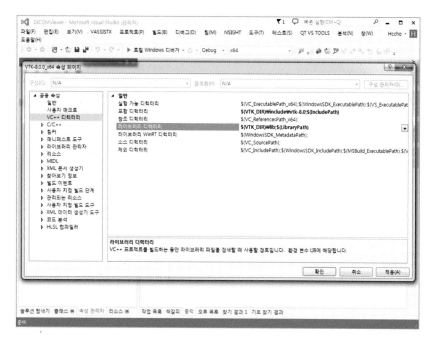

그림 4-16 VTK 디렉터리 추가 완료

그림 4-17 VTK 라이브러리 추가 #1

그림 4-18 VTK 라이브러리 추가 #2

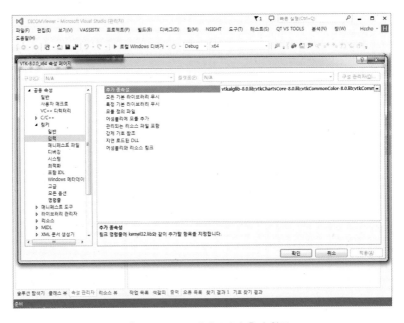

그림 4-19 VTK 라이브러리 추가 완료

(7) >> VTK 속성 시트를 생성하는 것과 비슷한 방법으로 GDCM 속성 시트를 생성한다.

- GDCM−2.8.0.props 속성 시트 생성
- 사용자 매크로 추가
- 이름 : GDCM_DIR

- 값 : D:\SDK\gdcm-2.8.0\$(Configuration)
- 포함 디렉터리에 $(GDCM_DIR)\include\gdcm-2.8 추가
- 라이브러리 디렉터리에 $(GDCM _DIR)\lib 추가
- "링커 > 입력 > 추가 종속성"에 GDCM 라이브러리 파일을 모두 추가

그림 4-20 GDCM 속성 시트 추가

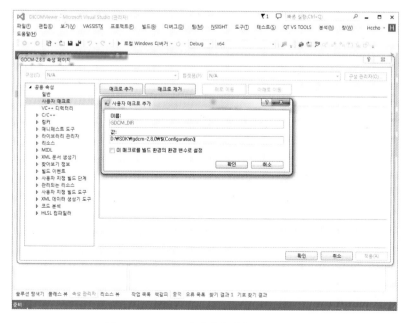

그림 4-21 GDCM 디렉터리 사용자 매크로 추가

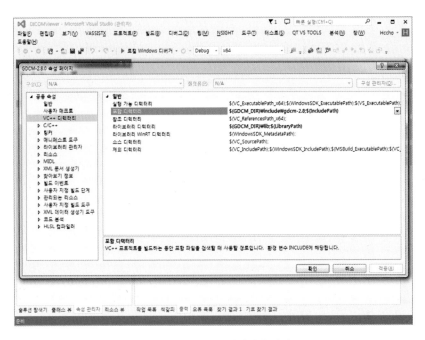

그림 4-22 GDCM 디렉터리 설정

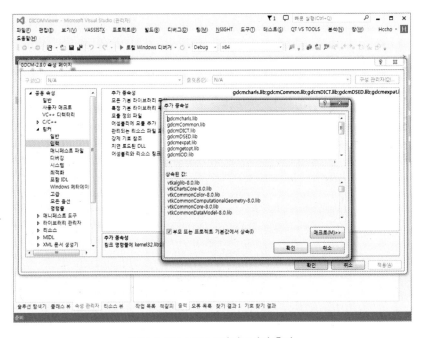

그림 4-23 GDCM 라이브러리 추가

(8) ≫ Release 프로젝트 구성에도 Debug와 동일한 속성 시트를 적용시킨다.

• "DICOMViewer > Release │ x64" 항목에서 우클릭

- "기존 속성 시트 추가" 메뉴 실행
- VTK-8.0.0_x64.prop 파일 추가
- GDCM-2.8.0_x64.prop 파일 추가

그림 4-24 Release 구성에 속성 시트 추가

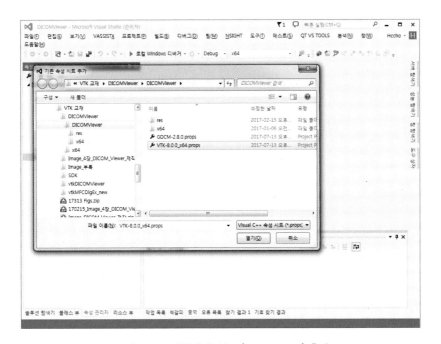

그림 4-25 기존 속성 시트 (VTK, GDCM) 추가

그림 4-26 속성 시트 설정 완료

(9) >>> 프로젝트 환경 변수를 설정한다. 프로그램 실행 시 필요한 dll 파일의 위치를 PATH 변수로 설정한다.

- "프로젝트 > 속성" 메뉴를 실행
- "디버깅 > 환경" 항목에 PATH=$(VTK_DIR)₩bin;$(GDCM_DIR)₩bin; 추가
- Debug 구성 / Release 구성 모두 동일하게 설정

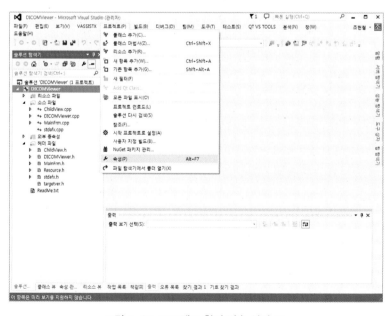

그림 4-27 프로젝트 환경 변수 설정 #1

그림 4-28　프로젝트 환경 변수 설정 #2

그림 4-29　프로젝트 환경 변수 설정 #3

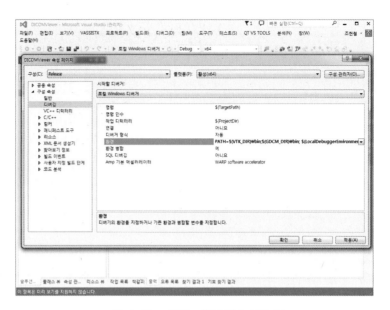

그림 4-30 프로젝트 환경 변수 설정 #4

4-3 4분할 윈도우 구성

환경 설정이 완료되었으면 이제 DICOM 데이터를 보여줄 윈도우를 구성해 보자.

DICOM 데이터는 보통 3차원 볼륨 이미지이므로 위에서 본 횡단면(axial), 앞에서 본 관상면(coronal), 옆에서 본 시상면(sagittal)의 3가지 단면으로 보여준다. 또한 Volume Rendering

그림 4-31 4분할 화면 구성

을 통해 3차원으로 구성하여 보여줄 수도 있다. 이와 같이 4가지 화면을 구성하기 위해 4분할 윈도우를 생성해 보자.

① ≫　vtkRenderWindow를 싣기 위한 빈 윈도우 리소스를 생성하자.

● VisualStudio 좌측 탐색 창의 리소스 뷰 탭 열기

● 속성 관리자 창이 보이지 않으면, "메뉴 > 보기 > 다른 창 > 리소스 뷰" 실행

● Dialog 항목에서 우클릭하여 "리소스 추가" 메뉴 실행

● 리소스 형식을 Dialog 항목 중 IDD_FORMVIEW 선택

● "새로 만들기" 버튼 클릭

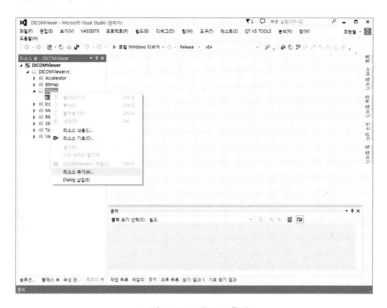

그림 4-32 리소스 추가

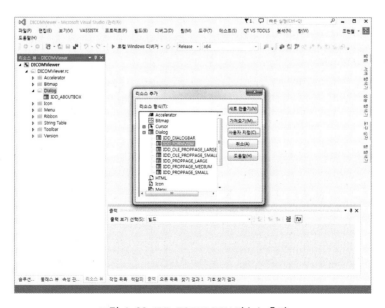

그림 4-33 IDD_FORMVIEW 리소스 추가

② ≫   다이얼로그의 기본 문자열을 삭제하고 리소스 ID를 IDD_VTK_VIEW로 변경
한다.

● ID를 IDD_FORMVIEW에서 IDD_VTK_VIEW로 변경

● "TODO: 폼 뷰를 배치합니다." 기본 문자열 항목 삭제

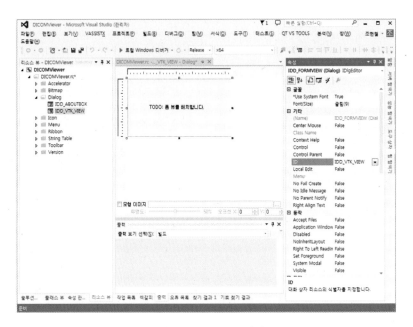

그림 4-34 폼 뷰 ID 변경

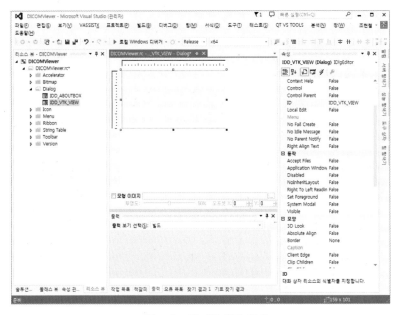

그림 4-35 문자열 항목 삭제

3 ≫   IDD_VTK_VIEW 리소스를 기반으로 클래스를 추가한다.

- 빈 다이얼로그 리소스에 우클릭하여 "클래스 추가" 메뉴를 실행
- 클래스 이름 : CDlgVtkView
- 기본 클래스 : CDialogEx
- DlgVtkView.h / DlgVtkView.cpp 생성

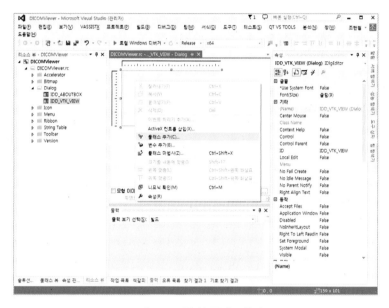

그림 4-36 폼 뷰 클래스 추가

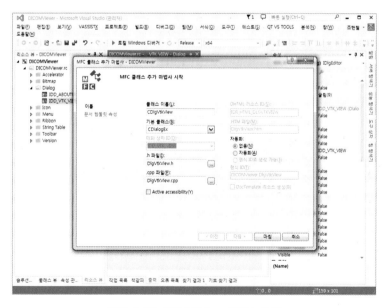

그림 4-37 CDlgVtkView 클래스 추가

④ ≫   DlgVtkView.h에 필요한 변수를 추가한다. 이 클래스의 객체를 4개 생성하고 배치하여 4분할 윈도우의 형태를 만들 것이다. 각 윈도우의 타입을 지정하기 위한 변수를 선언하고 2D 슬라이스 윈도우일 경우 스크롤바를 추가할 수 있도록 스크롤바 컨트롤도 선언한다.

- m_ViewType : Axial, Coronal, Sagittal, 3D View 중 하나의 타입으로 지정
- GetViewType() / SetViewType() : 뷰 타입을 읽거나 설정하는 함수
- m_ScrollBar : 2D 단면 뷰에서 현재 슬라이스의 위치를 탐색할 수 있도록 스크롤바 추가

⊕ DlgVtkView.h

```
#pragma once

// CDlgVtkView 대화 상자입니다.

class CDlgVtkView : public CDialogEx
{
        DECLARE_DYNAMIC(CDlgVtkView)

public:
        CDlgVtkView(CWnd* pParent = NULL);   // 표준 생성자입니다.
        virtual ~CDlgVtkView();

// 대화 상자 데이터입니다.
        enum { IDD = IDD_VTK_VIEW };

protected:
        /// 이 Dialog의 View Type
        int m_ViewType;

        /// Scroll Bar 객체
        CScrollBar m_ScrollBar;

public:
        /// 이 Dialog의 View Type 얻기 / 설정
```

```
        int GetViewType() const { return m_ViewType; }
        void SetViewType( int val ) { m_ViewType = val; }


protected:
        virtual void DoDataExchange(CDataExchange* pDX);      // DDX/DDV 지원입니다.


        DECLARE_MESSAGE_MAP()
};
```

(5) ≫   MFC의 View 윈도우에 CDlgVtkView의 객체를 4개 생성하여 배치시킨다.
먼저 CChildView 클래스에 필요한 이벤트 처리 함수를 추가한다.

● "프로젝트 > 클래스 마법사" 메뉴 실행

● DICOMViewer 프로젝트의 CChildView 클래스 선택

● 메시지 탭으로 이동

● WM_CREATE 항목을 선택하고 "처리기 추가" 버튼 클릭

● WM_SIZE 항목을 선택하고 "처리기 추가" 버튼 클릭

● WM_ERASEBKGND 항목을 선택하고 "처리기 추가" 버튼 클릭

그림 4-38 클래스 마법사 실행

그림 4-39 CChildView 클래스 선택

그림 4-40 메시지 처리기 함수 추가

>> ChildView.h 파일에 CDlgVtkView 변수를 4개의 배열로 추가한다.
● m_dlgVtkView[4] : 4개의 VTK View를 위한 다이얼로그 변수

⊕ ChildView.h

```
#pragma once

#include "DlgVtkView.h"

// CChildView 창

class CChildView : public CWnd
{
// 생성입니다.
public:
        CChildView();

// 특성입니다.
public:
        // 4개의 VTK View 다이얼로그 생성
        CDlgVtkView            m_dlgVtkView[4];

// 작업입니다.
public:

// 재정의입니다.
        protected:
        virtual BOOL PreCreateWindow(CREATESTRUCT& cs);

// 구현입니다.
public:
        virtual ~CChildView();

        // 생성된 메시지 맵 함수
protected:
```

```
        afx_msg void OnPaint();
        DECLARE_MESSAGE_MAP()
public:
        afx_msg int OnCreate( LPCREATESTRUCT lpCreateStruct );
        afx_msg void OnSize( UINT nType, int cx, int cy );
        afx_msg BOOL OnEraseBkgnd( CDC* pDC );
};
```

7 ≫   ChildView.cpp 파일의 OnCreate() 함수에 아래와 같이 코드를 추가한다. 이 함수는 기본 View가 생성될 때 발생하는 이벤트에 따라 호출되며, 이때 기본 View의 자식으로 CDlgVtkView를 생성한다. 각 윈도우의 타입은 0: Axial, 1: Coronal, 2: Sagittal, 3: 3D View의 순서로 int형으로 정의할 것이므로 for 문을 통해 순서대로 타입을 설정한 뒤 CDlgVtkView를 생성한다. 윈도우를 생성하는 Create() 함수는 리소스 ID와 부모 윈도우의 포인터를 파라미터로 받는다. IDD_VTK_VIEW를 ID로 설정하고 기본 View의 포인터인 this를 부모 윈도우로 설정한다. 마지막으로 ShowWindow() 함수를 통해 윈도우가 화면에 표시되도록 설정한다.

◆ **ChildView.cpp**

```
int CChildView::OnCreate( LPCREATESTRUCT lpCreateStruct )
{
        if( CWnd::OnCreate( lpCreateStruct ) == −1 )
                return −1;

        // VTK View Dialog 생성
        for( int viewType = 0; viewType < 4; viewType++ ) {
                m_dlgVtkView[viewType].SetViewType( viewType );
                if( !m_dlgVtkView[viewType].Create( IDD_VTK_VIEW, this ) ) return −1;
                m_dlgVtkView[viewType].ShowWindow( SW_SHOW );
        }

        return 0;
}
```

8 ≫　ChildView.cpp 파일의 OnSize 함수에 아래와 같이 코드를 추가한다. 부모 윈도우의 크기가 변경될 때는 항상 자식 윈도우의 크기와 배치도 함께 변경될 수 있도록 코드를 추가해 주어야 한다.
- 기본 View의 크기가 변할 때, CDlgViewView 다이얼로그의 크기도 변경
- 기본 View를 같은 크기로 4등분하여 각 다이얼로그의 위치를 계산

➕ **ChildView.cpp**

```cpp
void CChildView::OnSize( UINT nType, int cx, int cy )
{
        CWnd::OnSize( nType, cx, cy );

        if( !::IsWindow( GetSafeHwnd() ) ) return;
        if( cx == 0 || cy == 0 ) return;

        // Client 크기
        CRect rect;
        GetClientRect( rect );

        // 메인 View에 포함된 Dialog 배치(4분할)
        LONG xPos[3];
        xPos[0] = rect.left;
        xPos[1] = rect.left + rect.Width() / 2;
        xPos[2] = rect.right;

        LONG yPos[3];
        yPos[0] = rect.top;
        yPos[1] = rect.top + rect.Height() / 2;
        yPos[2] = rect.bottom;

        CRect subRect[4];
        subRect[0] = CRect( xPos[0], yPos[0], xPos[1], yPos[1] ); // Axial 위치
        subRect[1] = CRect( xPos[1], yPos[0], xPos[2], yPos[1] ); // Coronal 위치
        subRect[2] = CRect( xPos[0], yPos[1], xPos[1], yPos[2] ); // Sagittal 위치
        subRect[3] = CRect( xPos[1], yPos[1], xPos[2], yPos[2] ); // 3D View 위치
```

```
// Vtk Window 배치
for( int viewType = 0; viewType < 4; viewType++ ) {
        if( ::IsWindow( m_dlgVtkView[viewType].GetSafeHwnd() ) ) {
                m_dlgVtkView[viewType].MoveWindow( subRect[viewType] );
        }
    }
}
```

9 ≫   ChildView.cpp 파일의 OnEraseBkgnd 함수를 아래와 같이 수정한다. VTK에서 화면 렌더링을 담당할 것이므로, 기본 윈도우 화면 갱신을 취소시켜 화면 깜박임 현상을 제거하자. 원래 코드를 주석 처리하고 간단히 FALSE를 반환한다.

⊕ ChildView.cpp

```
BOOL CChildView::OnEraseBkgnd( CDC* pDC )
{
        return FALSE;

        //return CWnd::OnEraseBkgnd( pDC );
}
```

10 ≫   여기까지 4개의 VTK View를 MFC 기본 View 위에 같은 크기로 위치시켰지만, 아직 vtkWindow를 연결시키지 않았으므로 컴파일하여 실행시켜도 아무것도 표시되지 않는다. 다음 절부터는 본격적으로 VTK와 연결하는 부분을 진행하자.

4-4   VTK Window 초기화

VTK 버전 6.0 이상부터는 라이브러리 모듈화로 인해, 빌드 프로그램에 실제로 사용할 모듈을 초기화하도록 알려 주어야 한다. Visual Studio에서 빌드할 경우, 다른 VTK 코드를 사용하기 전에 모듈 초기화 코드가 가장 처음으로 컴파일되도록 배치하여야 한다. 아래 예시의 초기화 코드는 VTK에서 주로 사용되는 렌더링 모듈 4개와 볼륨 렌더링을 위한 모듈을 초기화한다. 이 코드를 stdafx.h 파일의 마지막에 추가하자.

✛ stdafx.h

```
#include <vtkAutoInit.h>
#define vtkRenderingCore_AUTOINIT
4(vtkRenderingOpenGL,vtkInteractionStyle,vtkRenderingFreeType,vtkRenderingContextOpenGL)
#define vtkRenderingVolume_AUTOINIT 1(vtkRenderingVolumeOpenGL)
```

지금 설명 중인 DICOM Viewer 프로젝트 이외에 다른 VTK 프로젝트를 개발하다 보면 모듈 초기화가 더 필요할 수 있다. VTK 모듈 초기화가 필요한 경우 아래와 같은 창이 뜨며 Error: no override found for 'vtkPolyDataMapper'와 같이 특정 VTK 클래스를 위한 재정의를 찾을 수 없다는 에러 메시지가 발생한다. 이때 특정 VTK 클래스를 위해 필요한 모듈의 이름은 클래스의 폴더명을 보면 알 수 있다. 예를 들어 "~\Rendering\Core\vtkPolyDataMapper.cxx"와 같이 Rendering\Core 폴더에 속하는 클래스를 사용하기 위해서는 vtkRenderingCore 모듈을 초기화하여야 한다.

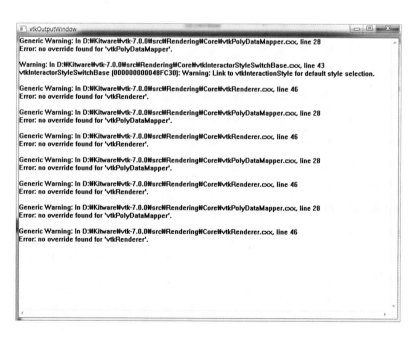

그림 4-41 VTK 모듈 초기화 에러

① »   효율적인 코드 관리를 위해 전역적으로 접근이 가능한 매니저 클래스를 생성해 보자. 이 매니저 클래스를 통해 MFC 인터페이스와 핵심 알고리즘 클래스를 분리하여 관리하면서도 상호 접근이 용이하게 코딩할 수 있다.

- "프로젝트 > 클래스 추가" 메뉴를 실행
- "C++ 클래스" 추가
- 클래스 이름 : DVManager

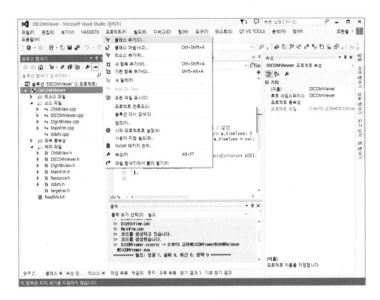

그림 4-42 클래스 추가 메뉴

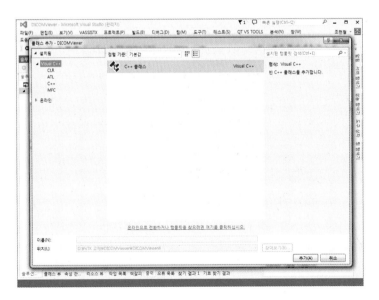

그림 4-43 C++ 클래스 추가

그림 4-44 클래스 이름 설정 : DVManager

(2) >> DVManager.h 파일에 전역 단일 매니저를 위한 변수와 함수 등을 아래와 같이 선언한다.

● 생성자를 private로 설정하여 외부에서 객체 생성이 불가능하도록 설정
● static으로 DVManager형의 유일한 인스턴스 변수 선언
● 프로그램이 종료될 때, 객체를 제거할 Destroy() 함수 선언
● static으로 전역적으로 매니저 객체를 접근할 수 있도록 Mgr() 함수 선언

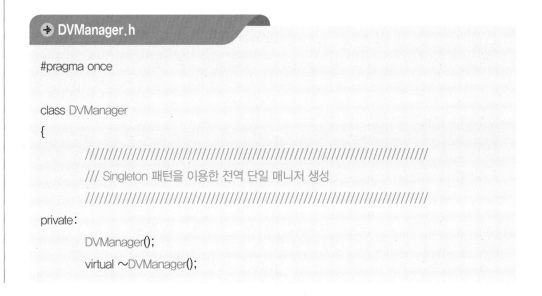

```
⊕ DVManager.h

#pragma once

class DVManager
{
    //////////////////////////////////////////////////////////////
    /// Singleton 패턴을 이용한 전역 단일 매니저 생성
    //////////////////////////////////////////////////////////////
private:
    DVManager();
    virtual ~DVManager();
```

```
        static DVManager* m_Instance;
        static void Destroy() { delete m_Instance; m_Instance = NULL; }


public:
        ///     전역 매니저 객체
        static DVManager* Mgr();
};
```

③ » DVManager.cpp 파일에서 DVManager의 전역 객체를 선언하고 Mgr() 함수를 완성한다. Mgr() 함수는 최초로 함수가 호출될 때 객체를 실제로 생성하고, 다음 호출부터는 이미 생성된 객체를 항상 반환하도록 하여 프로그램 실행 중에 항상 유일한 하나의 객체를 접근할 수 있도록 한다. 또한 전역 변수로 선언하여 프로젝트의 코드 어디서든 DVManager::Mgr()와 같이 접근이 쉽게 가능하게 한다.

⊕ DVManager.cpp

```
#include "stdafx.h"
#include "DVManager.h"

DVManager* DVManager::m_Instance = NULL;

DVManager::DVManager()
{
}


DVManager::~DVManager()
{
}


DVManager* DVManager::Mgr()
{
```

```
        if( m_Instance == NULL ) {
                m_Instance = new DVManager();
                atexit( Destroy );
        }
        return m_Instance;
}
```

(4) ≫   DVManager 클래스에 VTK 윈도우를 위한 변수와 함수를 선언한다. 우선 필요한 VTK 클래스들을 포함시킨다. 그리고 코드의 가독성을 위해서 View의 개수인 NUM_VIEW를 4개로 정의하고, 각각의 View를 위한 enum 타입을 선언하자(VIEW_AXIAL, VIEW_CORONAL, VIEW_SAGITTAL, VIEW_3D). 실제로 VTK를 통한 렌더링을 해 줄 vtkRenderWindow형의 변수를 배열로 선언하고 필요한 함수를 선언하자.

- GetVtkWindow(): 각 뷰 타입별 VTK 윈도우 접근
- InitVtkWindow(): 각 뷰 타입별 VTK 윈도우 초기화(OnInitDialog에서 호출)
- ResizeVtkWindow(): 각 뷰 타입별 VTK 윈도우 크기 조절(OnSize에서 호출)

⊕ DVManager.h

```
#pragma once

#include <vtkSmartPointer.h>
#include <vtkRenderWindow.h>
#include <vtkRenderer.h>
#include <vtkRenderWindowInteractor.h>
#include <vtkCamera.h>
#include <vtkInteractorStyleTrackballCamera.h>
#include <vtkInteractorStyleImage.h>


class DVManager
{
        //////////////////////////////////////////////////////////////
        /// Singleton 패턴을 이용한 전역 단일 매니저 생성
```

```cpp
    //////////////////////////////////////////////////////////////////
private:
        DVManager();
        virtual ~DVManager();

        static DVManager* m_Instance;
        static void Destroy() { delete m_Instance; m_Instance = NULL; }


public:
        /// 전역 매니저 객체
        static DVManager* Mgr();


public:
        /// View Type
        static const int NUM_VIEW = 4;
        enum ViewType { VIEW_AXIAL, VIEW_CORONAL, VIEW_SAGITTAL, VIEW_3D };


protected:
        /// Vtk Render Windows
        vtkSmartPointer<vtkRenderWindow> m_vtkWindow[NUM_VIEW];


public:
        /// Vtk Render Windows
        vtkSmartPointer<vtkRenderWindow> GetVtkWindow( int viewType );

        /// Vtk Window 초기화 (OnInitDialog)
        void InitVtkWindow( int viewType, void* hWnd );

        /// Vtk Window 크기 조절 (OnSize)
        void ResizeVtkWindow( int viewType, int width, int height );
};
```

5 ≫   DVManager 클래스의 GetVtkWindow() 함수를 뷰 타입에 따라 VTK 윈도
우를 반환하도록 정의한다.

```
⊕ DVManager.cpp

vtkSmartPointer<vtkRenderWindow> DVManager::GetVtkWindow( int viewType )
{
        // viewType 범위 검사
        if( viewType < 0 || viewType >= NUM_VIEW ) return NULL;

        // viewType별 vtkRenderWindow 반환
        return m_vtkWindow[viewType];
}
```

6 ≫   DVManager 클래스의 InitVtkWindow() 함수에서 VTK 윈도우를 초기화하
는 코드를 정의한다. 이 함수에서 하는 일은 다음과 같다. MFC 윈도우에 VTK
윈도우를 연결하기 위해 중요한 부분은 void* hWnd 파라미터를 통해 받은
MFC 윈도우의 핸들을 SetParentId() 함수를 통해 연결시켜 주는 부분이다. 이
를 통해 VTK 윈도우가 MFC 윈도우의 자식 윈도우로 생성된다.

- 마우스/키보드 인터랙션을 위한 vtkRenderWindowInteractor 생성
- 화면 렌더링을 위한 vtkRenderer 생성
- 배경을 검은색으로 초기화
- 각 뷰 타입별 인터랙션 스타일 적용(TrackballCamera, Image)
- 각 뷰 타입별 초기 카메라 위치 및 시점 설정
- 각 뷰 타입에 해당하는 vtkRenderWindow 생성
- 함수 파라미터로 받은 다이얼로그의 윈도우 핸들을 설정
- Interactor 및 Renderer 설정

```
⊕ DVManager.cpp

void DVManager::InitVtkWindow( int viewType, void* hWnd )
{
        // viewType 범위 검사
```

```cpp
if( viewType < 0 || viewType >= NUM_VIEW ) return;

// vtk Render Window 생성
if( m_vtkWindow[viewType] == NULL ) {
    // Interactor 생성
    vtkSmartPointer<vtkRenderWindowInteractor> interactor =
            vtkSmartPointer<vtkRenderWindowInteractor>::New();


    // Renderer 생성
    vtkSmartPointer<vtkRenderer> renderer = vtkSmartPointer<vtkRenderer>::New();
    renderer->SetBackground( 0.0, 0.0, 0.0 );        // 검은색 배경


    // 3D View 설정
    if( viewType == VIEW_3D ) {
        // Trackball Camera 인터랙션 스타일 적용
        interactor->SetInteractorStyle(
                vtkSmartPointer<vtkInteractorStyleTrackballCamera>::New() );

        vtkSmartPointer<vtkCamera> camera = renderer->GetActiveCamera();
        camera->ParallelProjectionOn();          // Parallel Projection 모드
        camera->SetPosition( 0.0, -1.0, 0.0 );   // 카메라 위치
        camera->SetViewUp( 0.0, 0.0, 1.0 );      // 카메라 Up 벡터
    }
    // 2D View 설정
    else {
        // Image 인터랙션 스타일 적용
        interactor->SetInteractorStyle(
                vtkSmartPointer<vtkInteractorStyleImage>::New() );

        vtkSmartPointer<vtkCamera> camera = renderer->GetActiveCamera();
        camera->ParallelProjectionOn();          // Parallel Projection 모드
        camera->SetPosition( 0.0, 0.0, -1.0 );   // 카메라 위치
        camera->SetViewUp( 0.0, -1.0, 0.0 );     // 카메라 Up 벡터
    }
```

```
         // RenderWindow 생성 후 Dialog 핸들, Interactor, Renderer 설정
         m_vtkWindow[viewType] = vtkSmartPointer<vtkRenderWindow>::New();
         m_vtkWindow[viewType]->SetParentId( hWnd );
         m_vtkWindow[viewType]->SetInteractor( interactor );
         m_vtkWindow[viewType]->AddRenderer( renderer );
         m_vtkWindow[viewType]->Render();
    }
}
```

(7) >> DVManager 클래스의 ResizeVtkWindow() 함수를 정의한다. 이 함수는 부
모 윈도우의 크기가 변할 때 VTK 윈도우의 크기를 설정해 주기 위한 함수이다.
각 View 타입에 따라 해당하는 VTK 윈도우의 크기를 SetSize() 함수를 통해
설정한다.

🔷 DVManager.cpp

```
void DVManager::ResizeVtkWindow( int viewType, int width, int height )
{
         // viewType 범위 검사 및 vtkRenderWindow 검사
         if( viewType < 0 || viewType >= NUM_VIEW ) return;
         if( m_vtkWindow[viewType] == NULL ) return;

         // 해당 vtkRenderWindow 크기 조절
         m_vtkWindow[viewType]->SetSize( width, height );
}
```

(8) >> VTK 윈도우를 MFC 다이얼로그의 이벤트에 따라 생성하고 크기를 변경하기
위해 CDlgVtkView 클래스에 해당 이벤트를 구현한다.
- "프로젝트>클래스 마법사" 메뉴 실행
- CDlgVtkView 클래스 선택
- 가상 함수 탭으로 이동하여 OnInitDialog, OnOk, OnCancel 함수 추가
- 메시지 탭에서 WM_ERASEBKGND, WM_SIZE, WM_HSCROLL 처리기
  추가

그림 4-45 CDlgVtkView 클래스의 가상 함수 추가

그림 4-46 CDlgVtkView 클래스의 메시지 처리기 추가

(9) »   DlgVtkView.cpp 파일의 시작 부분에 매니저 객체 접근을 위해 DVManager.h 를 포함시킨다. 각 포함 파일의 순서에 유의하자.

➕ **DlgVtkView.cpp**

```
// DlgVtkView.cpp : 구현 파일입니다.
//

#include "stdafx.h"
#include "DICOMViewer.h"
#include "DlgVtkView.h"
#include "afxdialogex.h"

#include "DVManager.h"
```

(10) »   CDlgVtkView 클래스의 OnInitDialog() 함수를 아래와 같이 수정한다. 먼저 현재 윈도우의 타입이 2D 슬라이스일 경우에 스크롤바를 생성해 준다. 그리고 VTK 윈도우 초기화를 위해 앞에서 정의한 매니저의 InitVtkWindow() 함수를 호출한다. 현재 윈도우의 타입과 윈도우 핸들을 파라미터로 전송한다.

➕ **DlgVtkView.cpp**

```
BOOL CDlgVtkView::OnInitDialog()
{
        CDialogEx::OnInitDialog();

        // 2D View일 경우 Scroll Bar 생성
        if(     m_ViewType == DVManager::VIEW_AXIAL ||
                m_ViewType == DVManager::VIEW_CORONAL ||
                m_ViewType == DVManager::VIEW_SAGITTAL ) {
                m_ScrollBar.Create( SBS_HORZ | SBS_BOTTOMALIGN | WS_CHILD,
                                        CRect( 0, 0, 100, 100 ), this, 1 );
                m_ScrollBar.ShowScrollBar();
        }
```

```
// Vtk Window 생성
DVManager::Mgr()->InitVtkWindow( m_ViewType, GetSafeHwnd() );

return TRUE;  // return TRUE unless you set the focus to a control
// 예외: OCX 속성 페이지는 FALSE를 반환해야 합니다.
}
```

(11) » CDlgVtkView 클래스의 OnOk() 함수와 OnCancel() 함수를 수정한다. MFC 다이얼로그는 Enter 키와 ESC 키에 의해 윈도우가 닫히는 이벤트를 기본적으로 발생하므로, 이로 인해 VTK 윈도우가 닫히지 않도록 가상 함수 처리를 막는다. 간단하게 기본 코드를 주석 처리하자.

⊕ DlgVtkView.cpp

```
void CDlgVtkView::OnOK()
{
    // Enter 키에 의해 창이 닫히는 것을 막음
    //CDialogEx::OnOK();
}
```

⊕ DlgVtkView.cpp

```
void CDlgVtkView::OnCancel()
{
    // ESC 키에 의해 창이 닫히는 것을 막음
    //CDialogEx::OnCancel();
}
```

⑫ ⟫　　CDlgVtkView 클래스의 OnEraseBkgnd() 함수도 이벤트 처리를 막아 화면 깜
박임을 방지한다.

⊕ DlgVtkView.cpp

```
BOOL CDlgVtkView::OnEraseBkgnd( CDC* pDC )
{
    // 화면 깜박거림 방지
    return FALSE;


    //return CDialogEx::OnEraseBkgnd( pDC );
}
```

⑬ ⟫　　CDlgVtkView 클래스의 OnSize() 함수에서 스크롤바를 고려하여 VTK 윈도우
의 크기를 변경하도록 코드를 추가하자. 2D 슬라이스 윈도우일 경우 스크롤바를
15픽셀 높이로 아랫부분에 위치시키고 나머지 윗부분에 VTK 윈도우를 배치한다.
- 2D 슬라이스 뷰인 경우 15필셀 높이의 횡 스크롤바를 위치
- VTK 윈도우의 크기 계산
- 매니저의 ResizeVtkWindow() 함수 호출

⊕ DlgVtkView.cpp

```
void CDlgVtkView::OnSize( UINT nType, int cx, int cy )
{
    CDialogEx::OnSize( nType, cx, cy );

    // 현재 창이 초기화되었는지 검사
    if( !::IsWindow( GetSafeHwnd() ) ) return;

    // Client 크기
    CRect rect;
    GetClientRect( rect );
```

```
        // Vtk 창 크기
        CRect vtkRect = rect;

        // 2D View일 경우 Scroll Bar 크기 계산
        if(     m_ViewType == DVManager::VIEW_AXIAL ||
                m_ViewType == DVManager::VIEW_CORONAL ||
                m_ViewType == DVManager::VIEW_SAGITTAL ) {
                // 높이가 15pixel인 스크롤바 설정
                CRect scrollRect = rect;
                scrollRect.top = rect.top + rect.Height() − 15;
                if( ::IsWindow( m_ScrollBar.GetSafeHwnd() ) ) m_ScrollBar.MoveWindow( scrollRect );

                // 스크롤바 크기를 뺀 나머지 창 크기 계산
                vtkRect.bottom = rect.bottom −15;
        }

        // Vtk Render Window 크기 설정
        DVManager::Mgr()−>ResizeVtkWindow( m_ViewType, vtkRect.Width(), vtkRect.Height() );
}
```

4-5 / DICOM 파일 읽기

 DICOM 데이터는 연속된 2차원 이미지들이 모여 3차원으로 구성되며, 각각의 2차원 이미지 파일이 하나의 폴더에 모여 있는 경우가 많다. 게다가 한 폴더에 모여 있는 DICOM 파일이라도 태그 정보에 따라 다른 Volume 이미지를 구성하기도 한다.

 이 프로젝트에서는 한 폴더에 있는 DICOM 파일을 모두 읽어 태그 정보에 따라 그룹을 분류해 보여 주도록 하였다. DICOM 태그 정보 중 Volume 이미지를 분류하는 기준으로 사용되는 Patient ID, Study ID, Series Number의 3가지 태그 정보를 이용하여 그룹을 분류한다.

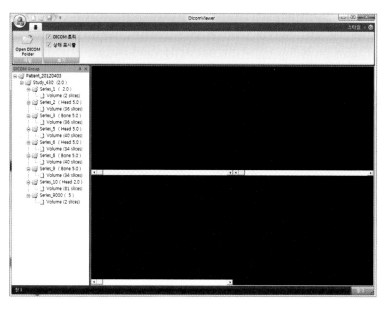

그림 4-47 DICOM 데이터 그룹 분류

1 ≫ DICOM 그룹 데이터를 저장할 DicomGroup 클래스를 생성하자.

- "프로젝트 > 클래스 추가" 메뉴 실행
- "C++ 클래스" 추가
- 클래스 이름 : DicomGroup
- "가상 소멸자" 체크

그림 4-48 DicomGroup 클래스 생성

② » DicomGroup.h 파일의 DicomGroup 클래스에서 vtkObject 클래스를 상속받도록 클래스 이름 뒤에 class DicomGroup : public vtkObject와 같이 추가하자. 물론 vtkObject.h를 포함하는 코드도 추가하여야 한다. vtkObjec 클래스를 상속받으면, vtkSmartPointer를 통해 생성이 가능하고 vtkGetMacro / vtkSetMacro를 사용할 수 있다. 계속해서 vtkSmartPointer를 통해 생성 및 메모리 자동 해제가 가능하도록 다음의 예제 코드를 참고하여 vtkTypeMacro와 New() 함수를 추가하자. 그리고 생성자와 소멸자의 접근을 protected로 변경하여 무단 생성 및 삭제를 방지하고 New() 함수를 통해서만 생성이 가능하도록 한다.

➕ **DicomGroup.h**

```
#pragma once

#include <vtkObject.h>

#include <vector>
#include <string>

class DicomGroup :
        public vtkObject
{
public:
        /// vtkSmartPointer를 통한 생성 및 해제가 가능하게
        vtkTypeMacro( DicomGroup, vtkObject );
        static DicomGroup *New() { return new DicomGroup; };

protected:
        /// New() 함수 이외의 생성 방지
        DicomGroup();
        virtual ~DicomGroup();
```

다른 클래스를 만들 때에도 위의 예제 코드와 같이 수정하면 vtkSmartPointer로 생성 및 자동 해제가 가능한 클래스를 쉽게 만들어 사용할 수 있다.

③ » DICOM 그룹 관련 데이터 변수를 추가하자. 추가할 데이터 변수는 다음과 같다.

- 환자 정보 : ID, 이름, 생년월일, 성별, 나이, 몸무게
- Study 정보 : ID, 상세 설명
- Series 정보 : 번호, 상세 설명
- 해당 그룹에 속하는 DICOM 파일의 경로 목록

⊕ DicomGroup.h (이어서)

```cpp
protected:
        /// 환자 정보
        std::string PatientID;
        std::string PatientName;
        std::string PatientBirthDate;
        std::string PatientSex;
        std::string PatientAge;
        std::string PatientWeight;

        // Study 정보
        std::string StudyID;
        std::string StudyDescription;

        // Series 정보
        std::string SeriesNum;
        std::string SeriesDescription;

        /// DICOM 파일 목록
        std::vector<std::string> m_FileList;
```

④ ≫ 그룹 데이터에 대한 vtkGetMacro / vtkSetMacro를 정의하자. vtkObject를 상속받았으므로 vtk 매크로를 사용할 수 있게 되었다. 이를 활용하여 Get / Set 함수를 쉽게 만들어 보자. 앞에서 선언한 PatientID 변수에 대해 변수 이름과 타입을 이용하여 vtkGetMacro(PatientID, std::string);와 같이 정의하면 Get에 변수 이름을 덧붙여서 GetPatientID() 함수가 자동으로 생성된다. 비슷하게 vtkSetMacro(PatientID, std::string);와 같이 정의하면 SetPatientID(std::string arg) 함수가 자동 생성된다. Set 함수가 필요하지 않은 변수에 대해서는 Set 매크로를 생략하였다. DICOM 파일 목록 변수에 대한 Get 함수는 수동으로 추가한다. 복잡한 타입의 변수는 매크로 지원이 잘 안되며, 변수의 유효성 검사 등이 필요한 경우 수동으로 Get / Set 함수를 추가하여야 한다.

✛ DicomGroup.h (이어서)

```
public:
        vtkGetMacro( PatientID, std::string );
        vtkSetMacro( PatientID, std::string );

        vtkGetMacro( StudyID, std::string );
        vtkSetMacro( StudyID, std::string );

        vtkGetMacro( SeriesNum, std::string );
        vtkSetMacro( SeriesNum, std::string );

        vtkGetMacro( PatientName, std::string );
        vtkGetMacro( PatientBirthDate, std::string );
        vtkGetMacro( PatientSex, std::string );
        vtkGetMacro( PatientAge, std::string );
        vtkGetMacro( PatientWeight, std::string );
        vtkGetMacro( StudyDescription, std::string );
        vtkGetMacro( SeriesDescription, std::string );

        /// DICOM 파일 목록
        std::vector<std::string> GetFileList() const { return m_FileList; }
```

⑤ » Patient ID, Study ID, Series Number를 비교하여 DICOM 파일이 이 그룹에 속하는지 확인하는 IsSameGroup() 함수를 정의하자. 이 그룹에 속하는 DICOM 파일의 경로를 목록에 추가하는 AddImageFile() 함수를 선언하자. 그룹 분류를 위한 정보 이외에 추가 DICOM 태그 정보를 읽을 LoadDicomInfo() 함수를 선언하자.

⊕ DicomGroup.h (이어서)

```cpp
/// PatientID, StudyID, SeriesNum을 비교하여 동일한 그룹인지 확인
bool IsSameGroup( std::string patientID, std::string studyID, std::string seriesNum ) {
        if( PatientID.compare( patientID ) != 0 ) return false;
        if( StudyID.compare( studyID ) != 0 ) return false;
        if( SeriesNum.compare( seriesNum ) != 0 ) return false;

        return true;
}

/// 이 그룹에 DICOM 파일 추가
void AddImageFile( const char *filePath );

/// 추가 DICOM 태그 정보 읽기
void LoadDicomInfo();
};
```

⑥ » DicomGroup.cpp 파일의 시작 부분에 GDCM 관련 헤더 파일을 추가하자.

⊕ DicomGroup.cpp

```cpp
#include "stdafx.h"
#include "DicomGroup.h"

#include <gdcmReader.h>
#include <gdcmFile.h>
#include <gdcmDataSet.h>
```

```
#include <gdcmStringFilter.h>
#include <gdcmTag.h>

DicomGroup::DicomGroup()
{
}

DicomGroup::~DicomGroup()
{
}
```

(7) ≫ DicomGroup 클래스의 AddImageFile() 함수를 정의하자. 파일 경로가 유효한 경로인지 검사한 후 파일 목록에 추가하도록 한다.

✦ DicomGroup.cpp

```
void DicomGroup::AddImageFile( const char *filePath )
{
        // 유효한 파일 경로인지 검사
        if( filePath == NULL ) return;

        // 파일 목록에 추가
        m_FileList.push_back( filePath );
}
```

(8) ≫ DicomGroup 클래스의 LoadDicomInfo() 함수를 다음과 같이 정의하자. DICOM 태그에는 많은 정보가 포함되지만, 이 책에서는 설명할 범위를 벗어나므로 몇 가지 태그 정보만 읽어 오는 예제 코드를 준비하였다.

DICOM 태그의 주소만 알면 다음 예제와 비슷한 방법으로 태그 정보를 쉽게 읽어올 수 있다. 먼저 GDCM을 이용하여 파일을 열고 데이터 집합과 문자열 필터 등을 생성하여 준비한다. 원하는 태그의 주소를 통해 gdcm::Tag형으로 변수를 생성하고, 데이터 집합에서 태그의 정보를 읽을 수 있는지를 검사하여, 데이터가 존재하면 StringFilter를 통해 문자열로 태그를 읽는다. DICOM 표준과 태그에 대한 정보가 궁금하면 공식 홈페이지의 표준 관련 페이지($http://dicom.$ $nema.org/standard.html$)에 접속하여 볼 수 있다. 또한 이 책의 부록에도 몇 가지 주요한 DICOM 태그에 대한 소개를 실어 놓았다.

⊕ DicomGroup.cpp

```cpp
void DicomGroup::LoadDicomInfo()
{
        if( m_FileList.size() == 0 ) return;

        // GDCM으로 DICOM 파일 읽기
        gdcm::Reader reader;
        reader.SetFileName( m_FileList[0].c_str() );
        if( !reader.Read() ) return;

        // DICOM 파일에서 Tag 정보를 읽어올 준비
        gdcm::File &file = reader.GetFile();
        gdcm::DataSet &ds = file.GetDataSet();
        gdcm::StringFilter sf;
        sf.SetFile( file );

        // DICOM 태그 정보 읽기
        gdcm::Tag tagPatientName( 0x0010, 0x0010 );
        gdcm::Tag tagPatientBirthDate( 0x0010, 0x0030 );
        gdcm::Tag tagPatientSex( 0x0010, 0x0040 );
        gdcm::Tag tagPatientAge( 0x0010, 0x1010 );
        gdcm::Tag tagPatientWeight( 0x0010, 0x1030 );
        gdcm::Tag tagStudyDescription( 0x0008, 0x1030 );
        gdcm::Tag tagSeriesDescription( 0x0008, 0x103e );

        if( ds.FindDataElement( tagPatientName ) )
                PatientName = sf.ToString( tagPatientName );
        if( ds.FindDataElement( tagPatientBirthDate ) )
                PatientBirthDate = sf.ToString( tagPatientBirthDate );
```

```
if( ds.FindDataElement( tagPatientSex ) )
        PatientSex = sf.ToString( tagPatientSex );
if( ds.FindDataElement( tagPatientAge ) )
        PatientAge = sf.ToString( tagPatientAge );
if( ds.FindDataElement( tagPatientWeight ) )
        PatientWeight = sf.ToString( tagPatientWeight );
if( ds.FindDataElement( tagStudyDescription ) )
        StudyDescription = sf.ToString( tagStudyDescription );
if( ds.FindDataElement( tagSeriesDescription ) )
        SeriesDescription = sf.ToString( tagSeriesDescription );
}
```

9 ≫ 이번에는 DICOM 데이터를 읽고 처리할 DicomLoader 클래스를 생성하자.

● "프로젝트 > 클래스 추가" 메뉴 실행

● "C++ 클래스" 추가

● 클래스 이름 : DicomLoader

● "가상 소멸자" 체크

그림 4-49 DicomLoader 클래스 생성

(10) »   DicomLoader.h 파일에서 DicomLoader 클래스도 역시 vtkObject를 상속받고 vtkSmartPointer를 사용할 수 있도록 TypeMacro 및 New() 함수를 정의한다. DICOM 그룹 목록을 저장하기 위해 std::vector 자료형으로 DicomGroup 포인터형의 목록을 변수로 선언한다. std::vector 자료형은 Linked List 자료 구조로 크기가 고정되지 않은 목록을 저장할 수 있다.

⊕ **DicomLoader.h**

```
#pragma once

#include <vector>
#include <string>

#include <vtkObject.h>
#include <vtkSmartPointer.h>

#include "DicomGroup.h"

class DicomLoader :
        public vtkObject
{
public:
        vtkTypeMacro( DicomLoader, vtkObject );
        static DicomLoader *New() { return new DicomLoader; };

protected:
        DicomLoader();
        virtual ~DicomLoader();

protected:
        /// DICOM 그룹 목록
        std::vector<vtkSmartPointer<DicomGroup> > m_GroupList;
```

(11) »   이어서 아래와 같이 필요한 함수를 선언하자.

• OpenDicomDirectory() : DICOM 파일이 포함된 폴더를 열기

- AddDicomFile() : DICOM 파일을 추가
- GetNumberOfGroups() : 전체 DICOM 그룹 개수 반환
- GetDicomGroup() : 해당하는 DICOM 그룹 포인터 반환

⊕ DicomLoader.h (이어서)

```
public:
        /// DICOM 디렉터리 열기
        void OpenDicomDirectory( const char* dirPath );

        /// DICOM 파일 추가
        void AddDicomFile( const char *filePath );

        /// DICOM 그룹 개수
        int GetNumberOfGroups() { return (int)m_GroupList.size(); }

        /// DICOM 그룹
        vtkSmartPointer<DicomGroup> GetDicomGroup( int idx );
};
```

(12) ≫ DicomLoader.cpp 파일의 시작 부분에 필요한 헤더 파일을 추가한다. DICOM 파일의 그룹을 분류하기 위한 태그 정보를 읽어야 하므로 GDCM 관련 헤더 파일도 포함한다.

⊕ DicomLoader.cpp

```
#include "stdafx.h"
#include "DicomLoader.h"

#include <vtkDirectory.h>

#include <vtkGDCMImageReader.h>
#include <gdcmReader.h>
#include <gdcmGlobal.h>
#include <gdcmTag.h>
```

```
#include <gdcmStringFilter.h>
#include <gdcmSplitMosaicFilter.h>


DicomLoader::DicomLoader()
{
}


DicomLoader::~DicomLoader()
{
}
```

(13) » 　DicomLoader 클래스의 OpenDicomDirectory() 함수를 정의한다. 파라미터로
받은 폴더 경로에서 모든 파일을 읽어 AddDicomFile() 함수를 호출한다.

⊹ **DicomLoader.cpp**

```
void DicomLoader::OpenDicomDirectory( const char* dirPath )
{
        // DICOM 폴더 내의 모든 파일을 추가
        vtkSmartPointer<vtkDirectory> vtkDir = vtkSmartPointer<vtkDirectory>::New();
        vtkDir->Open( dirPath );
        for( int i = 0; i < vtkDir->GetNumberOfFiles(); i++ ) {
                const char *filename = vtkDir->GetFile( i );
                // 폴더가 아니라 파일일 때
                if( !vtkDir->FileIsDirectory( filename ) ) {
                        std::string filePath = dirPath;
                        filePath += "₩₩";
                        filePath += filename;

                        // DICOM 파일 추가
                        AddDicomFile( filePath.c_str() );
                }
        }
}
```

(14) >> DicomLoader 클래스의 AddDicomFile() 함수를 정의한다. DICOM 파일의 그룹 분류를 위해 GDCM을 통해 파일을 열어 PatientID, StudyID, SeriesNum 태그 정보를 읽는다. 기존에 생성된 그룹 중 동일한 태그를 가진 그룹을 찾으면 그 그룹에 파일 경로를 추가하고, 찾지 못하면 새로운 그룹을 생성하여 파일 경로를 추가한다.

✦ DicomLoader.cpp

```cpp
void DicomLoader::AddDicomFile( const char *filePath )
{
        // GDCM으로 DICOM 파일 읽기
        gdcm::Reader reader;
        reader.SetFileName( filePath );
        if( !reader.Read() ) return;

        // DICOM 파일에서 Tag 정보를 읽어 올 준비
        gdcm::File &file = reader.GetFile();
        gdcm::DataSet &ds = file.GetDataSet();
        gdcm::StringFilter sf;
        sf.SetFile( file );

        // Group 분류를 위한 태그 정보 읽기(Patient ID, Study ID, Series Num)
        gdcm::Tag tagPatientID( 0x0010, 0x0020 );
        gdcm::Tag tagStudyID( 0x0020, 0x0010 );
        gdcm::Tag tagSeriesNum( 0x0020, 0x0011 );

        std::string patientID;
        std::string studyID;
        std::string seriesNum;

        if( ds.FindDataElement( tagPatientID ) ) patientID = sf.ToString( tagPatientID );
        if( ds.FindDataElement( tagStudyID ) ) studyID = sf.ToString( tagStudyID );
        if( ds.FindDataElement( tagSeriesNum ) ) seriesNum = sf.ToString( tagSeriesNum );

        // DICOM 파일이 포함될 그룹 찾기
        vtkSmartPointer<DicomGroup> group;
```

```
for( int i = 0; i < m_GroupList.size(); i++ ) {
        if( m_GroupList[i]->IsSameGroup( patientID, studyID, seriesNum ) ) {
                group = m_GroupList[i];
                break;
        }
}

// 못 찾으면 생성
if( group == NULL ) {
        group = vtkSmartPointer<DicomGroup>::New();
        group->SetPatientID( patientID );
        group->SetStudyID( studyID );
        group->SetSeriesNum( seriesNum );

        m_GroupList.push_back( group );
}

// 그룹에 파일 추가
group->AddImageFile( filePath );
}
```

15 ≫ DicomLoader 클래스에 GetDicomGroup() 함수를 추가하여 각 개별 그룹에 접근할 수 있도록 한다. 그룹의 인덱스 번호를 파라미터로 받아 범위를 검사한 후 해당 인덱스의 그룹을 반환한다.

⊹ DicomLoader.cpp

```
vtkSmartPointer<DicomGroup> DicomLoader::GetDicomGroup( int idx )
{
        // 그룹 목록 범위 검사
        if( idx < -1 || idx >= (int)m_GroupList.size() ) return NULL;

        // 해당하는 DICOM 그룹 반환
        return m_GroupList[idx];
}
```

>> DVManager에서 DicomLoader를 사용할 수 있도록 변수와 함수를 추가하자.

- #include "DicomLoader.h" 헤더 파일 추가
- vtkSmartPointer<DicomLoader>형 변수 추가
- DicomLoader를 접근할 수 있도록 GetDicomLoader() 함수 추가

⊕ DVManager.h

```
#pragma once

#include <vtkSmartPointer.h>
#include <vtkRenderWindow.h>
#include <vtkRenderer.h>
#include <vtkRenderWindowInteractor.h>
#include <vtkCamera.h>
#include <vtkInteractorStyleTrackballCamera.h>
#include <vtkInteractorStyleImage.h>

#include "DicomLoader.h"

class DVManager
{
        ///////////////////////////////////////////////////////////////
        /// Singleton 패턴을 이용한 전역 단일 매니저 생성
        ///////////////////////////////////////////////////////////////
private:
        DVManager();
        virtual ~DVManager();

        static DVManager* m_Instance;
        static void Destroy() { delete m_Instance; m_Instance = NULL; }

public:
        /// 전역 매니저 객체
        static DVManager* Mgr();
```

```
public:
        /// View Type
        static const int NUM_VIEW = 4;
        enum ViewType { VIEW_AXIAL, VIEW_CORONAL, VIEW_SAGITTAL, VIEW_3D };

protected:
        /// Vtk Render Windows
        vtkSmartPointer<vtkRenderWindow> m_vtkWindow[NUM_VIEW];

        /// DICOM Loader
        vtkSmartPointer<DicomLoader> m_DicomLoader;

public:
        /// Vtk Render Windows
        vtkSmartPointer<vtkRenderWindow> GetVtkWindow( int viewType );

        /// Vtk Window 초기화 (OnInitDialog)
        void InitVtkWindow( int viewType, void* hWnd );

        /// Vtk Window 크기 조절 (OnSize)
        void ResizeVtkWindow( int viewType, int width, int height );

        /// DICOM Loader 객체
        vtkSmartPointer<DicomLoader> GetDicomLoader();
};
```

(17) ≫   DVManager 클래스의 GetDicomLoader() 함수를 정의한다. 처음 함수가 호출
될 때 DicomLoader를 생성하고 반환하며, 이후 호출부터는 이미 생성된 객체를
반환한다.

⊕ **DVManager.cpp**

```
vtkSmartPointer<DicomLoader> DVManager::GetDicomLoader()
{
```

```
// DicomLoader 객체가 null이면 생성
if( m_DicomLoader == NULL ) {
        m_DicomLoader = vtkSmartPointer<DicomLoader>::New();
}


// DicomLoader 객체 반환
return m_DicomLoader;
}
```

(18) >> 이제 DICOM 트리를 표시할 CDicomGroupView 클래스를 생성하자. 이 클래스는 CDockablePane 클래스를 상속받아 MFC 윈도우에 도킹이 가능한 창으로 만들어 보자. MFC 윈도우 클래스이지만 리소스를 따로 생성하지 않아도 된다.

- "프로젝트>클래스 추가" 메뉴 실행
- "C++ 클래스" 추가
- 클래스 이름 : CDicomGroupView
- 기본 클래스 : CDockablePane
- "가상 소멸자" 체크

그림 4-50 CDicomGroupView 클래스 생성

⑲ ≫ CDicomGroupView 클래스에 윈도우 메시지 처리기를 추가한다.
- "프로젝트>클래스 마법사" 메뉴 실행
- CDicomGroupView 클래스 선택
- 메시지 탭에서 WM_CREATE, WM_SIZE를 찾아 처리기 추가

그림 4-51 CDicomGroupView 클래스의 메시지 처리기 추가

⑳ ≫ CDicomGroupView 클래스에 MFC 트리 컨트롤 항목을 위한 변수를 추가한다. 이 트리 컨트롤을 이용해 DICOM 그룹을 분류하여 보여 줄 것이다. 추후에 트리 컨트롤에서 마우스 더블 클릭 등의 이벤트 처리를 추가하기 위해, 트리 컨트롤의 ID(ID_DICOM_GROUP_TREE)를 지정하도록 한다. 이 ID는 현재 클래스 내에서만 중복되지 않으면 되므로 적당한 숫자를 대입하자. 이어서 CTreeCtrl형 변수를 선언하고, CImageList형 변수도 선언한다. 이미지 리스트는 DICOM 그룹 트리에서 사용할 아이콘 목록을 생성하기 위해 필요하다.

◆ DicomGroupView.h

#pragma once

```
class CDicomGroupView :
        public CDockablePane
{
public:
        CDicomGroupView();
        virtual ~CDicomGroupView();

        /// DICOM 그룹 트리 컨트롤의 ID
        enum { ID_DICOM_GROUP_TREE = 1 };

protected:
        /// DICOM 그룹 트리 컨트롤
        CTreeCtrl m_DicomGroupTree;

        /// DICOM 그룹 트리에서 이용할 아이콘 이미지 목록
        CImageList m_Images;
```

(21) ≫   DICOM 트리 항목을 관리하기 위한 함수를 아래와 같이 선언한다.

- UpdateDicomTree() : 현재 로드된 DICOM 그룹을 트리 형태로 구성하여 표시
- GetDicomGroupItem() : 트리 노드 중복 생성을 막기 위해 같은 이름의 항목 이 존재하는지 검사
- ExpandAllDicomGroupTree() : 트리를 모두 펼친 형태로 표시

➕ DicomGroupView.h (이어서)

```
public:
        /// DICOM Tree 업데이트
        void UpdateDicomTree();

        /// DICOM Tree에서 이름으로 트리 항목 찾기, 없으면 새로 생성
        HTREEITEM GetDicomGroupItem( CString itemText, HTREEITEM parentItem );

        /// DICOM Tree 모두 펼치기
```

Chapter 4. DICOM Viewer 제작(고급 응용 프로그램 예제) **187**

```
        void ExpandAllDicomGroupTree();

        DECLARE_MESSAGE_MAP()
        afx_msg int OnCreate( LPCREATESTRUCT lpCreateStruct );
        afx_msg void OnSize( UINT nType, int cx, int cy );
};
```

 ≫ DicomGroupView.cpp 파일의 시작 부분에 필요한 헤더 파일을 추가한다. 이
때 헤더 파일의 포함 순서에 유의하여야 한다.
- MFC 리소스 등을 사용하기 위해 "DICOMViewer.h" 포함
- 매니저 클래스 접근을 위해 "DVManager.h" 포함

⊕ DicomGroupView.cpp

```
#include "stdafx.h"
#include "DICOMViewer.h"
#include "DicomGroupView.h"

#include "DVManager.h"

CDicomGroupView::CDicomGroupView()
{
}


CDicomGroupView::~CDicomGroupView()
{
}


BEGIN_MESSAGE_MAP( CDicomGroupView, CDockablePane )
        ON_WM_CREATE()
        ON_WM_SIZE()
END_MESSAGE_MAP()
```

㉓ »» CDicomGroupView 클래스의 OnCreate() 함수를 수정한다. DICOM 그룹 트리 컨트롤의 Create() 함수를 호출하여 현재 도킹 창을 부모 윈도우로 하고 앞에서 정의한 ID_DICOM_GROUP_TREE를 ID로 하는 트리 컨트롤 항목을 생성한다. 그리고 트리 아이콘으로 사용할 비트맵 이미지를 생성한다. IDB_FILESMALL 리소스는 MFC 프로젝트 생성 시 기본으로 생성되는 이미지 모음으로 다음과 같은 아이콘이 포함된다.

이 리소스를 이용하여 비트맵 이미지를 만들고, 트리 아이콘 이미지 목록을 생성한다. 마지막으로 트리 컨트롤의 SetImageList() 함수를 통해 아이콘 이미지 목록을 등록한다.

⊕ DicomGroupView.cpp

```cpp
int CDicomGroupView::OnCreate( LPCREATESTRUCT lpCreateStruct )
{
        if( CDockablePane::OnCreate( lpCreateStruct ) == -1 )
                return -1;

        // DICOM 그룹 트리 생성
        const DWORD dwViewStyle = WS_CHILD | WS_VISIBLE |
                TVS_HASLINES | TVS_LINESATROOT |
                TVS_HASBUTTONS | TVS_SHOWSELALWAYS;
        if( !m_DicomGroupTree.Create(
                dwViewStyle,                    // 트리 스타일
                CRect( 0, 0, 100, 100 ),        // 초기 크기
                this,                           // 부모 윈도우 = 도킹 창
                ID_DICOM_GROUP_TREE             // 트리 항목 ID
                ) ) {
                return -1;
        }

        // 비트맵 아이콘 생성
        CBitmap bmp;
```

```
        BITMAP bmpObj;
        if( !bmp.LoadBitmap( IDB_FILESMALL ) ) return −1;
        bmp.GetBitmap( &bmpObj );


        // 트리 아이콘 이미지 생성
        m_Images.Create( 16, bmpObj.bmHeight, ILC_MASK | ILC_COLOR32, 0, 0 );
        m_Images.Add( &bmp, RGB( 0, 0, 0 ) );


        // 아이콘 적용
        m_DicomGroupTree.SetImageList( &m_Images, TVSIL_NORMAL );


        return 0;
}
```

(24) » 　CDicomGroupView 클래스의 OnSize() 함수를 수정하여, 현재 도킹 창의 내부 크기에 꽉 차게 트리 항목 크기를 변경하도록 한다.

➕ **DicomGroupView.cpp**

```
void CDicomGroupView::OnSize( UINT nType, int cx, int cy )
{
        CDockablePane::OnSize( nType, cx, cy );


        if( GetSafeHwnd() == NULL ) return;
        if( m_DicomGroupTree.GetSafeHwnd() == NULL ) return;


        // 도킹 창 크기
        CRect rect;
        GetClientRect( rect );


        // 트리 창 크기 변경
        m_DicomGroupTree.SetWindowPos( NULL,
                rect.left, rect.top, rect.Width(), rect.Height(),
                SWP_NOACTIVATE | SWP_NOZORDER );
}
```

CDicomGroupView 클래스의 UpdateDicomTree() 함수를 정의한다.

- 현재 로드된 DICOM 그룹에 따라 트리 형태 구성
- 환자 ID, Study ID, Series 번호에 따라 폴더 트리 구성
- DICOM Group은 단말 노드로 생성하고 데이터 포인터를 연결하여 추후에 Volume 로딩 시 사용
- 트리를 모두 구성한 후, 모든 트리를 펼쳐서 보여줌

⊕ DicomGroupView.cpp

```
void CDicomGroupView::UpdateDicomTree()
{
        // 기존 아이템 모두 삭제
        m_DicomGroupTree.DeleteAllItems();

        // 환자 ID, 스터디, 시리즈에 따라 폴더 트리 구조 생성
        int volumeCount = 1;
        for( int i = 0; i < DVManager::Mgr()->GetDicomLoader()->GetNumberOfGroups(); i++ ) {
                // i 번째 DICOM 그룹
                vtkSmartPointer<DicomGroup> curGroup =
                        DVManager::Mgr()->GetDicomLoader()->GetDicomGroup( i );

                // 추가 정보 읽기
                curGroup->LoadDicomInfo();

                // std::string 형태로 저장된 정보를 CString 형태로 변환
                CString patientId = CString( curGroup->GetPatientID().c_str() );
                CString studyId = CString( curGroup->GetStudyID().c_str() );
                CString studyDesc = CString( curGroup->GetStudyDescription().c_str() );
                CString seriesNum = CString( curGroup->GetSeriesNum().c_str() );
                CString seriesDesc = CString( curGroup->GetSeriesDescription().c_str() );

                // 환자 ID 노드
                CString patientString = _T( "Patient_" ) + patientId;
                HTREEITEM hCurPatientNode = GetDicomGroupItem( patientString, NULL );
```

```
        // 스터디 노드
        CString studyString = _T( "Study_" ) + studyId + _T( "(" ) + studyDesc + _T( ")" );
        HTREEITEM hCurStudyNode = GetDicomGroupItem( studyString, hCurPatientNode );


        // 시리즈 노드
        CString seriesString = _T( "Series_" ) + seriesNum + _T( "(" ) + seriesDesc + _T( ")" );
        HTREEITEM hCurSeriesNode = GetDicomGroupItem( seriesString, hCurStudyNode );


        // Volume 노드 이름(슬라이스 개수 포함)
        CString volumeString;
        volumeString.Format( _T( "Volume (%d slices)" ), curGroup->GetFileList().size() );
        // 볼륨(DICOM 그룹) 노드 생성
        HTREEITEM volumeNode =
                m_DicomGroupTree.InsertItem(
                volumeString,               // 노드 이름
                0,                          // 0번째 아이콘 사용
                0,                          // 0번째 아이콘 사용(선택 시)
                hCurSeriesNode              // 부모 노드 = Series 노드
                );
        // 볼륨 노드에 Item Data로 DicomGroup 포인터 연결
        m_DicomGroupTree.SetItemData(
                volumeNode, (DWORD_PTR)(DicomGroup*)curGroup );
    }


    // 트리 모두 펼치기
    ExpandAllDicomGroupTree();
}
```

(26) ≫   CDicomGroupView 클래스의 GetDicomGroupItem() 함수를 정의한다. 중복 노드가 없는 트리 구성을 위해 같은 이름을 가진 노드를 먼저 검색하고, 없으면 새로운 노드를 생성하여 반환한다. 이 함수는 앞의 UpdateDicomTree() 함수에서 환자 ID 노드, Study ID 노드, Series 번호 노드에 대해 사용하여 트리 구조의 줄기에 해당하는 부분을 구성한다.

✛ DicomGroupView.cpp

```cpp
HTREEITEM CDicomGroupView::GetDicomGroupItem( CString itemText, HTREEITEM parentItem )
{
    // 시작 트리 아이템 정함
    HTREEITEM hItem;
    // parentItem이 NULL이면 루트 노드
    if( parentItem == NULL ) hItem = m_DicomGroupTree.GetRootItem();
    // parentItem의 첫 번째 자식 노드
    else hItem = m_DicomGroupTree.GetChildItem( parentItem );

    // 문자열이 일치하는 트리 아이템을 찾음
    for( ; hItem != NULL; hItem = m_DicomGroupTree.GetNextSiblingItem( hItem ) ) {
        if( itemText.Compare( m_DicomGroupTree.GetItemText( hItem ) ) == 0 ) return hItem;
    }

    // 못 찾으면 트리 아이템을 생성하여 반환
    hItem = m_DicomGroupTree.InsertItem(
        itemText,          // 노드 이름
        1,                 // 1번째 아이콘
        1,                 // 1번째 아이콘(선택 시)
        parentItem         // 부모 노드
        );

    return hItem;
}
```

» CDicomGroupView 클래스의 ExpandAllDicomGroupTree() 함수를 정의한다. 모든 환자 ID 노드, Study ID 노드, Series 번호 노드를 탐색하며 Expand() 함수로 트리를 펼치는 함수이다.

➕ DicomGroupView.cpp

```cpp
void CDicomGroupView::ExpandAllDicomGroupTree()
{
        // 환자 ID 노드 펼치기
        HTREEITEM hPatientNode = m_DicomGroupTree.GetRootItem();
        for( ; hPatientNode != NULL;
        hPatientNode = m_DicomGroupTree.GetNextSiblingItem( hPatientNode ) ) {
                m_DicomGroupTree.Expand( hPatientNode, TVE_EXPAND );

                // 스터디 노드 펼치기
                HTREEITEM hStudyNode = m_DicomGroupTree.GetChildItem( hPatientNode );
                for( ; hStudyNode != NULL;
                hStudyNode = m_DicomGroupTree.GetNextSiblingItem( hStudyNode ) ) {
                        m_DicomGroupTree.Expand( hStudyNode, TVE_EXPAND );

                        // 시리즈 노드 펼치기
                        HTREEITEM hSeriesNode =
                                m_DicomGroupTree.GetChildItem( hStudyNode );
                        for( ; hSeriesNode != NULL;
                        hSeriesNode = m_DicomGroupTree.GetNextSiblingItem( hSeriesNode ) ) {
                                m_DicomGroupTree.Expand( hSeriesNode, TVE_EXPAND );
                        }
                }
        }
}
```

(28) ≫ 여기까지 DICOM 파일을 읽어 그룹을 분류하고 트리 구조로 표시하는 알고리즘을 모두 준비하였다. 이제 MFC 인터페이스에 연결하여 보자. MFC 리본 메뉴를 편집하기 위해 다음 순서와 같이 실행한다.

- 왼쪽 탐색창 중 "리소스 뷰" 탭을 선택
- 안 보이면 "보기 > 다른 창 > 리소스 뷰" 메뉴를 실행
- "Ribbon" 항목의 IDR_RIBBON을 열기
- 오른쪽의 "도구 상자" 창 클릭 또는 "보기 > 도구 상자" 메뉴 실행

(29) ≫ DICOM 그룹 트리 창 표시 여부를 결정할 체크 박스 메뉴를 생성한다.

- "도구 상자"에서 "확인란" 항목을 "상태 표시줄" 체크 메뉴 앞으로 끌어다 놓기
- 새로운 체크 메뉴에서 우클릭하여 "속성" 메뉴 실행
- ID : "ID_VIEW_DICOM_GROUP"으로 변경
- Caption : "DICOM 그룹"으로 변경

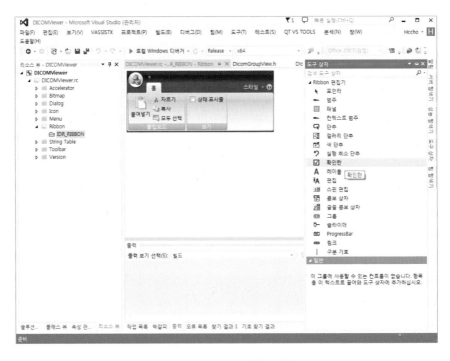

그림 4-52 Ribbon 리소스 편집

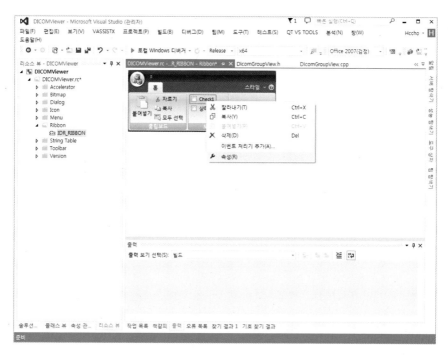

그림 4-53 체크 박스 메뉴 속성 열기

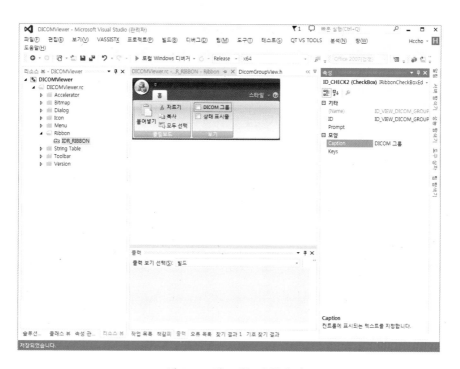

그림 4-54 체크 메뉴 속성 수정

(30) ≫≫   사용하지 않는 "클립보드" 패널 항목을 삭제하고 "파일" 패널을 추가한다.

● "클립보드" 패널 항목에서 우클릭하여 "삭제" 메뉴 실행

● "도구 상자"에서 "패널" 항목을 "보기" 패널 앞으로 끌어오기

● 새 패널의 속성 중 Caption을 "파일"로 수정

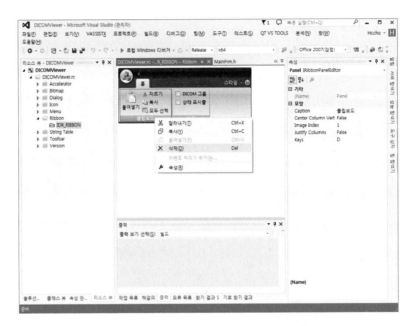

그림 4-55 "클립 보드" 패널 삭제

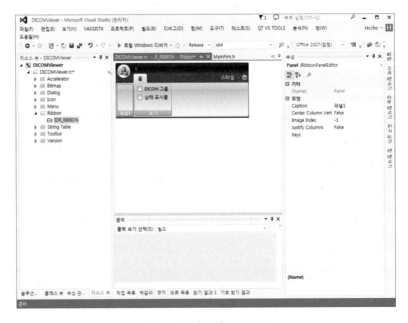

그림 4-56 "파일" 패널 생성

(31) >> "홈" 범주의 메뉴에서 사용할 아이콘 이미지를 변경한다. MFC에서는 리본 메뉴에서 사용할 아이콘 이미지 목록을 각 범주당 하나씩 지정할 수 있다. 복사, 붙여넣기 아이콘 등이 포함된 IDB_WRITELARGE/IDB_WRITESMALL 이미지 목록대신 열기 아이콘이 포함된 이미지 목록을 사용하기 위해 다음과 같이 변경한다.

● "홈" 범주에서 우클릭하여 "속성" 메뉴 실행

● Large Images : IDB_FILELARGE로 수정

● Small Images : IDB_FILESMALL로 수정

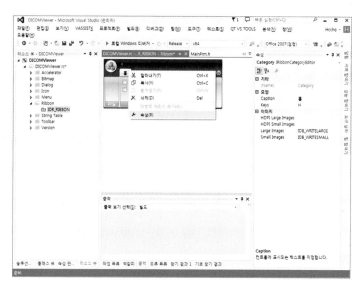

그림 4-57 "홈" 범주의 속성

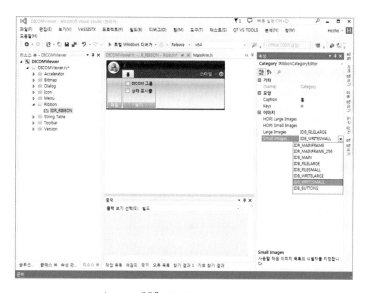

그림 4-58 "홈" 범주의 아이콘 이미지 변경

32 >>> 폴더 열기 기능을 위한 버튼을 생성하자.

- "도구 상자"에서 "단추" 항목을 "파일" 패널로 끌어다 놓기
- "단추" 속성 변경
- ID : ID_OPEN_DICOM_FOLDER
- Always Large : true
- Caption : DICOM 폴더 열기
- Large Image Index : 1 (이미지 컬렉션에서 선택 가능)

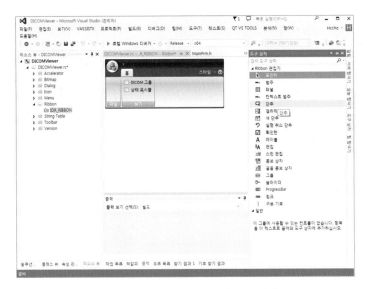

그림 4-59 DICOM 폴더 열기 버튼 생성

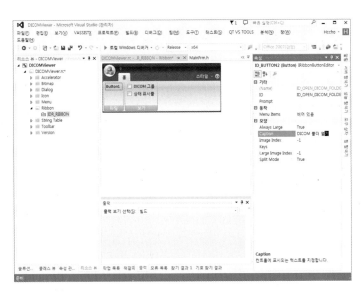

그림 4-60 DICOM 폴더 열기 버튼의 속성 수정

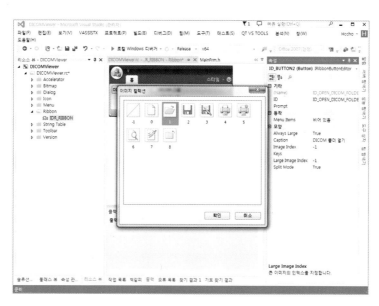

그림 4-61 DICOM 폴더 열기 버튼의 아이콘 변경

33 >> 생성한 리본 메뉴를 코드에 연결해 보자.

● "프로젝트 > 클래스 마법사" 메뉴 실행

● CMainFrame 클래스 선택

● "명령" 탭에서 ID_VIEW_DICOM_GROUP 항목을 찾아 COMMAND 메시지와 UPDATE_COMMAND_UI 메시지에 처리 코드 추가

● ID_OPEN_DICOM_FOLDER 항목을 찾아서 COMMAND 메시지 처리 코드 추가

그림 4-62 ID_VIEW_DICOM_GROUP 메시지 처리 코드 추가

그림 4-63 ID_OPEN_DICOM_FOLDER 메시지 처리 코드 추가

 >> MainFrame.h 파일에서 DICOM 트리 도킹 창을 생성하기 위한 코드를 추가하자.

- #include "DicomGroupView.h" 포함
- CDicomGroupView m_DicomGroupView; 트리 도킹 창 변수 선언

⊕ MainFrame.h

```
#pragma once
#include "ChildView.h"
#include "DicomGroupView.h"


class CMainFrame : public CFrameWndEx
{

public:
        CMainFrame();
protected:
        DECLARE_DYNAMIC(CMainFrame)


// 특성입니다.
public:
```

```cpp
// 작업입니다.
public:


// 재정의입니다.
public:

        virtual BOOL PreCreateWindow(CREATESTRUCT& cs);
        virtual BOOL OnCmdMsg(UINT nID, int nCode, void* pExtra,
                              AFX_CMDHANDLERINFO* pHandlerInfo);


// 구현입니다.
public:

        virtual ~CMainFrame();
#ifdef _DEBUG
        virtual void AssertValid() const;
        virtual void Dump(CDumpContext& dc) const;
#endif


protected:  // 컨트롤 모음이 포함된 멤버입니다.
        CMFCRibbonBar       m_wndRibbonBar;
        CMFCRibbonApplicationButton m_MainButton;
        CMFCToolBarImages m_PanelImages;
        CMFCRibbonStatusBar m_wndStatusBar;
        CChildView     m_wndView;
        CDicomGroupView m_DicomGroupView;


// 생성된 메시지 맵 함수
protected:
        afx_msg int OnCreate(LPCREATESTRUCT lpCreateStruct);
        afx_msg void OnSetFocus(CWnd *pOldWnd);
        afx_msg void OnApplicationLook(UINT id);
        afx_msg void OnUpdateApplicationLook(CCmdUI* pCmdUI);
        DECLARE_MESSAGE_MAP()


public:
```

```
        afx_msg void OnViewDicomGroup();
        afx_msg void OnUpdateViewDicomGroup( CCmdUI *pCmdUI );
        afx_msg void OnOpenDicomFolder();
};
```

(35) » CMainFrame 클래스의 OnCreate() 함수 끝부분에 DICOM 트리 도킹 창 생성 부분을 추가한다. CDockablePane 클래스의 Create() 함수로 생성하며 부모 윈도우는 메인 프레임으로 설정하고 ID는 편의상 앞에서 선언한 리본 메뉴 체크 박스의 ID인 ID_VIEW_DICOM_GROUP을 활용하였다. resource.h 파일에서 새로운 ID를 정의하여 사용할 수도 있다. 이어서 EnableDocking() 함수와 DockPane() 함수를 통해 도킹 가능 영역과 도킹 상태를 설정한다.

➕ **MainFrame.cpp**

```cpp
int CMainFrame::OnCreate(LPCREATESTRUCT lpCreateStruct)
{
        if (CFrameWndEx::OnCreate(lpCreateStruct) == -1)
                return -1;

        BOOL bNameValid;

        // 프레임의 클라이언트 영역을 차지하는 뷰를 만듭니다.
        if (!m_wndView.Create(NULL, NULL, AFX_WS_DEFAULT_VIEW,
                CRect(0, 0, 0, 0), this, AFX_IDW_PANE_FIRST, NULL))
        {
                TRACE0("뷰 창을 만들지 못했습니다.\n");
                return -1;
        }

        m_wndRibbonBar.Create(this);
        m_wndRibbonBar.LoadFromResource(IDR_RIBBON);

        if (!m_wndStatusBar.Create(this))
        {
```

```
                TRACE0("상태 표시줄을 만들지 못했습니다.\n");
                return -1;      // 만들지 못했습니다.
        }


        CString strTitlePane1;
        CString strTitlePane2;
        bNameValid = strTitlePane1.LoadString(IDS_STATUS_PANE1);
        ASSERT(bNameValid);
        bNameValid = strTitlePane2.LoadString(IDS_STATUS_PANE2);
        ASSERT(bNameValid);
        m_wndStatusBar.AddElement(
        new CMFCRibbonStatusBarPane(ID_STATUSBAR_PANE1, strTitlePane1, TRUE), strTitlePane1);
        m_wndStatusBar.AddExtendedElement(
        new CMFCRibbonStatusBarPane(ID_STATUSBAR_PANE2, strTitlePane2, TRUE), strTitlePane2);


        // Visual Studio 2005 스타일 도킹 창 동작을 활성화합니다.
        CDockingManager::SetDockingMode(DT_SMART);
        // Visual Studio 2005 스타일 도킹 창 자동 숨김 동작을 활성화합니다.
        EnableAutoHidePanes(CBRS_ALIGN_ANY);
        // 보관된 값에 따라 비주얼 관리자 및 스타일을 설정합니다.
        OnApplicationLook(theApp.m_nAppLook);


        // DICOM Group View 생성
        if( !m_DicomGroupView.Create(
                _T("DICOM Group"),              // 도킹 창 이름
                this,                           // 부모 윈도우 = 메인 프레임
                CRect( 0, 0, 200, 200 ),        // 초기 윈도우 크기
                TRUE,                           // 제목 창 표시 여부
                ID_VIEW_DICOM_GROUP,            // 도킹 창 ID
                WS_CHILD | WS_VISIBLE |         // 도킹 창 스타일
                WS_CLIPSIBLINGS | WS_CLIPCHILDREN |
                CBRS_LEFT | CBRS_FLOAT_MULTI ) )
        {
                TRACE0("도킹 창 만들지 못했습니다.\n");
                return -1;
```

```
        }
        // DICOM Group 도킹 창이 부모창의 모든 부분에 도킹이 가능하도록 설정
        m_DicomGroupView.EnableDocking(CBRS_ALIGN_ANY);
        // DICOM Group 창 도킹
        DockPane(&m_DicomGroupView);

        return 0;
}
```

(36) ≫ CMainFrame 클래스의 OnViewDicomGroup() 함수를 정의한다. DICOM 그룹 트리 도킹 창의 현재 표시 상태를 받아 현재 상태와 반대로 설정한다.

➕ **MainFrame.cpp**

```
void CMainFrame::OnViewDicomGroup()
{
        // DICOM Group 도킹 창을 표시/숨김(현재 상태와 반대로)
        m_DicomGroupView.ShowPane( !m_DicomGroupView.IsPaneVisible(), FALSE, FALSE );
}
```

(37) ≫ CMainFrame 클래스의 OnUpdateViewDicomGroup() 함수를 정의한다. 여기서는 도킹 창의 표시 상태에 따라 리본 메뉴의 해당 체크 박스를 체크하거나 해제한다.

➕ **MainFrame.cpp**

```
void CMainFrame::OnUpdateViewDicomGroup( CCmdUI *pCmdUI )
{
        // DICOM Group 도킹 창이 보이는 상태이면 체크 박스 체크
        pCmdUI->SetCheck( m_DicomGroupView.IsPaneVisible() );
}
```

38 >> CMainFrame 클래스의 OnOpenDicomFolder() 함수를 정의한다. 이 함수에서는 DICOM 폴더를 찾기 위해 CFolderPickerDialog를 이용하여 폴더 선택 다이얼로그를 이용한다. CFolderPickerDialog는 CFileDialog와 비슷하지만 파일이 아닌 폴더를 선택할 수 있는 다이얼로그이다. MFC 클래스에서는 CString 형태로 모든 문자열을 처리하지만 VTK에서는 char 포인터형으로 처리하므로 변환 코드가 필요하다. CT2CA(LPCWSTR(path))는 CString 문자열을 char*형으로 변경하는 역할을 한다. 입력된 폴더 경로를 파라미터로 OpenDicomDirectory() 함수를 호출하고, 로딩이 완료되면 UpdateDicomTree() 함수를 통해 DICOM 그룹 트리를 구성하고 보여 준다. OpenDicomDirectory() 함수는 앞에서 선언한 DicomLoader 클래스의 함수이다. DVManager에 정의된 DicomLoader 객체를 접근하기 위해서 MainFrame. cpp 파일의 시작 부분에 #include "DVManager.h"를 추가하여야 한다.

➕ MainFrame.cpp

```
void CMainFrame::OnOpenDicomFolder()
{
        CFolderPickerDialog folderDlg( _T( "" ), 0, NULL, 0 );

        if( IDOK == folderDlg.DoModal() ) {
                /// DICOM 파일이 포함된 폴더 경로
                CString path = folderDlg.GetPathName();

                /// 폴더 내의 DICOM(*.dcm) 파일 읽기
                DVManager::Mgr()->GetDicomLoader()
                        ->OpenDicomDirectory( CT2CA( LPCWSTR( path ) ) );

                /// DICOM 그룹 트리 업데이트
                m_DicomGroupView.UpdateDicomTree();
        }
}
```

여기까지 DICOM 폴더를 열어서 그룹별로 분류하여 트리 구조로 표시해 주는 프로그램을 제작하였다. 프로젝트를 빌드하고 실행하여 "DICOM 폴더 열기" 메뉴를 통해 DICOM 파일이 있는 폴더를 선택하면 약간의 로딩 시간이 지난 후에 볼륨 데이터가 그룹별로 분류되어 트리로 표시되는 것을 볼 수 있다. 또한 "DICOM 그룹" 체크 박스를 통해 트리 탐색 창을 끄거나 켤 수 있고, 마우스 드래그를 통해 기본 윈도우의 다른 부분에 도킹할 수도 있다.

다음 절에서는 그룹별로 분류된 볼륨 데이터 중 하나를 선택하여 2D 슬라이스 렌더링과 3D 볼륨 렌더링을 수행하는 부분을 설명한다.

4-6   Volume 데이터 읽기 및 렌더링

DICOM 데이터는 2차원 이미지를 여러 장 중첩하여 3차원 볼륨 데이터를 구성한다. 이 3차원 볼륨 데이터를 다시 횡단면, 관상면, 시상면으로 단면 위치를 이동하며 의료 진단을 수행한다. 이러한 기능을 수행하기 위해 DICOM 데이터를 읽어 Volume 데이터로 구성하고, 이를 다시 각 단면별로 렌더링하거나 3차원 Volume 렌더링을 통해 표시해 보자.

이 프로젝트에서는 스크롤바를 이용한 단면 이동과 여러 가지 Volume 렌더링 방법을 지원하는 기능도 포함한다. 또한 화면에 슬라이스 번호 및 환자 정보 등을 텍스트로 보여 주는 기능도 추가해 보자.

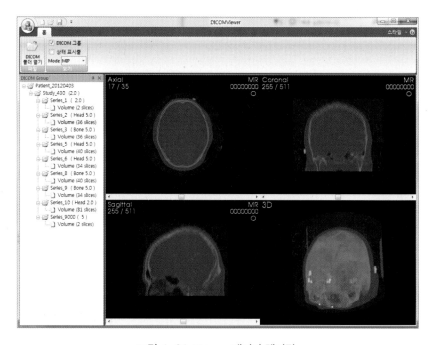

그림 4-64 Volume 데이터 렌더링

① >>   3차원 Volume 이미지 데이터를 저장하고 슬라이스 렌더링 및 Volume 렌더링을 지원하기 위한 VolumeData 클래스를 생성한다.

● "프로젝트>클래스 추가" 메뉴 실행
● "C++ 클래스" 추가
● 클래스 이름 : VolumeData
● "가상 소멸자" 체크

그림 4-65 VolumeData 클래스 생성

② >>   VolumeData.h 파일에 필요한 VTK 클래스들을 포함시키고, VolumeData 클래스도 vtkObject 클래스를 상속받아 vtkTypeMacro와 New() 함수를 정의한다.

⊹ VolumeData.h

#pragma once

#include <vtkObject.h>
#include <vtkSmartPointer.h>
#include <vtkImageData.h>

```
#include <vtkTransform.h>
#include <vtkMatrix4x4.h>
#include <vtkVolume.h>
#include <vtkVolumeProperty.h>
#include <vtkSmartVolumeMapper.h>
#include <vtkPiecewiseFunction.h>
#include <vtkColorTransferFunction.h>
#include <vtkImageReslice.h>
#include <vtkImageActor.h>
#include <vtkImageMapper3D.h>
#include <vtkImageProperty.h>


class VolumeData :
        public vtkObject
{
public:
        /// vtkSmartPointer를 통한 생성 및 해제
        vtkTypeMacro( VolumeData, vtkObject );
        static VolumeData *New() { return new VolumeData; };


protected:
        /// New() 함수 이외의 생성 방지
        VolumeData();
        virtual ~VolumeData();
```

③ ≫   VolumeData 클래스에서는 vtkImageData형으로 Volume 이미지를 저장하고 DICOM 파일에서 가져온 회전이동 정보를 vtkMatrix4x4형으로 저장한다. 그리고 여러 가지 형태의 Volume 렌더링을 지원하기 위해 다음과 같은 변수를 선언한다.

- RenderingPreset : 미리 정의된 Volume 렌더링 타입 번호
- m_VolumeRendering(vtkVolume) : Volume 렌더링을 위한 객체
- m_OpacityFunc(vtkPiecewiseFunction) : 투명도 조절을 위한 함수
- m_ColorFunc(vtkColorTransferFunction) : 색상 조절을 위한 함수

- m_CurrentPresetMode(int) : 현재 지정된 Volume 렌더링 모드

또한 각 타입별 2D 슬라이스 렌더링을 지원하기 위해 다음과 같은 변수를 선언한다.

- m_SliceActor[3](vtkImageActor) : 2D 이미지 렌더링을 위한 객체
- m_VolumeSlice[3](vtkImageReslice) : Volume 데이터를 자른 단면
- m_SliceProperty(vtkImageProperty) : 이미지 렌더링 속성
- m_SliceIndex[3](int) : 각 단면의 현재 인덱스 위치

⊕ VolumeData.h

```
public:
        // Volume Slice 타입
        enum SliceType { AXIAL, CORONAL, SAGITTAL };


        // 미리 정의된 Volume 렌더링 투명도 함수 및 컬러 함수
        enum RenderingPreset { MIP, SKIN, BONE };

protected:
        /// VTK 3차원 이미지(Volume) 데이터
        vtkSmartPointer<vtkImageData> m_ImageData;


        /// Volume 데이터의 회전이동 정보
        vtkSmartPointer<vtkMatrix4x4> m_Orientation;


        /// Volume 렌더링 객체
        vtkSmartPointer<vtkVolume> m_VolumeRendering;


        /// Volume 렌더링 투명도 함수
        vtkSmartPointer<vtkPiecewiseFunction> m_OpacityFunc;


        /// Volume 렌더링 컬러 함수
        vtkSmartPointer<vtkColorTransferFunction> m_ColorFunc;


        /// 현재 Volume 렌더링 모드
        int m_CurrentPresetMode;
```

```
/// Slice 렌더링 객체 (Axial, Coronal, Sagittal 슬라이스)
vtkSmartPointer<vtkImageActor> m_SliceActor[3];

/// Slice 렌더링을 위한 Volume 단면
vtkSmartPointer<vtkImageReslice> m_VolumeSlice[3];

/// Slice 렌더링 속성
vtkSmartPointer<vtkImageProperty> m_SliceProperty;

/// Slice 인덱스
int m_SliceIndex[3];
```

(4) >> VolumeData 클래스에서 필요한 함수를 다음과 같이 선언한다.

- GetImageData() / SetImageData() : Volume 이미지를 얻기/설정
- GetOrientation() / SetOrientation() : 회전이동 정보를 얻기/설정
- GetVolumeRendering() : Volume 렌더링 객체를 얻기
- GetCurrentPresetMode() / SetCurrentPresetMode() : Volume 렌더링 모드
- ReadyForVolumeRendering() : Volume 렌더링을 위한 객체 생성 및 함수 설정
- GetSliceActor() : 이미지 렌더링 객체 얻기
- ReadyForSliceRendering() : 2D 슬라이스 이미지 렌더링을 위한 객체 생성 및 속성 설정 등의 준비
- GetSliceMatrix() : 슬라이스 타입에 따른 단면 이미지를 얻기 위한 Reslice 행렬을 계산
- GetSliceIndex() / SetSliceIndex() : 슬라이스 이미지의 현재 인덱스 얻기/설정

✦ VolumeData.h

```
public:
    /// VTK Volume 데이터 가져오기/설정하기
    vtkSmartPointer<vtkImageData> GetImageData() const { return m_ImageData; }
    void SetImageData( vtkSmartPointer<vtkImageData> val ) { m_ImageData = val; }
```

```
/// Volume 데이터의 회전이동 정보 가져오기/설정하기
vtkSmartPointer<vtkMatrix4x4> GetOrientation() const { return m_Orientation; }
void SetOrientation( vtkSmartPointer<vtkMatrix4x4> val ) { m_Orientation = val; }

/// Volume 렌더링 객체
vtkSmartPointer<vtkVolume> GetVolumeRendering() const { return m_VolumeRendering; }

/// 3D Volume 렌더링 준비
void ReadyForVolumeRendering();

/// 현재 Volume 렌더링 모드
int GetCurrentPresetMode() const { return m_CurrentPresetMode; }

/// Volume 렌더링 모드 설정
void SetCurrentPresetMode( int val );

/// Slice 렌더링 객체
vtkSmartPointer<vtkImageActor> GetSliceActor( int sliceType );

/// Slice 렌더링 준비
void ReadyForSliceRendering();

/// Slice 타입과 인덱스에 따른 Reslice 행렬 계산
vtkSmartPointer<vtkMatrix4x4> GetResliceMatrix( int sliceType, int sliceIdx );

/// 현재 Slice 인덱스
int GetSliceIndex( int sliceType );

/// Slice 인덱스 설정
void SetSliceIndex( int sliceType, int sliceIndex );
};
```

5 ≫   VolumeData 클래스의 생성자에서 변수 초기화를 수행한다. 초기 Volume 렌더링 모드는 MIP로 설정하고, 모든 슬라이스의 인덱스는 0으로 초기화한다.

```cpp
⊕ VolumeData.cpp

#include "stdafx.h"
#include "VolumeData.h"


VolumeData::VolumeData()
{

        m_CurrentPresetMode = MIP;


        for( int i = 0; i < 3; i++ ) m_SliceIndex[i] = 0;

}


VolumeData::~VolumeData()
{
}
```

6 ≫   VolumeData 클래스의 ReadyForVolumeRendering() 함수를 정의한다. VTK에서는 다양한 방식의 Volume 렌더링을 지원하는데, vtkSmartVolumeMapper 클래스는 하드웨어의 지원 사양에 따라 적합한 방식으로 자동 설정해 주는 맵퍼이다. 그리고 투명도 함수와 색상 함수를 생성하여 범위를 설정한 후 Volume 속성에 각각의 함수를 설정해 준다. Volume 속성에서 빛에 따른 명암을 그려 주기 위해 ShadeOn() 함수와 부드러운 렌더링을 위해 SetInterpolationTypeToLinear() 함수를 호출한다.

또 DICOM 태그에 저장된 Volume 데이터의 회전이동 정보를 반영하기 위해 회전 변환 Transform을 생성한다. 그리고 vtkVolume형의 m_VolumeRendering을 생성하여 맵퍼, 속성, 회전 변환을 모두 설정해 준다. 마지막으로 현재 Volume 렌더링 모드를 MIP로 지정하여 밝기 함수와 색상 함수를 설정한다.

⊕ VolumeData.cpp

```cpp
void VolumeData::ReadyForVolumeRendering()
{
        // Volume Mapper 준비
        vtkSmartPointer<vtkSmartVolumeMapper> smartMapper =
vtkSmartPointer<vtkSmartVolumeMapper>::New();
        smartMapper->SetInputData( m_ImageData );

        // 투명도 함수, 컬러 함수 준비
        double scalarRange[2];
        m_ImageData->GetScalarRange( scalarRange );
        m_OpacityFunc = vtkSmartPointer<vtkPiecewiseFunction>::New();
        m_OpacityFunc->AdjustRange( scalarRange );
        m_ColorFunc = vtkSmartPointer<vtkColorTransferFunction>::New();

        // Volume 속성 준비
        vtkSmartPointer<vtkVolumeProperty> volumeProperty =
vtkSmartPointer<vtkVolumeProperty>::New();
        volumeProperty->SetScalarOpacity( m_OpacityFunc );
        volumeProperty->SetColor( m_ColorFunc );
        volumeProperty->ShadeOn();
        volumeProperty->SetInterpolationTypeToLinear();

        // Volume 회전 변환
        double origin[3];
        m_ImageData->GetOrigin( origin );
        vtkSmartPointer<vtkTransform> userTransform = vtkSmartPointer<vtkTransform>::New();
        userTransform->Translate( origin );
        userTransform->Concatenate( GetOrientation() );
        userTransform->Translate( -origin[0], -origin[1], -origin[2] );
        userTransform->Update();

        // Volume 렌더링 객체 생성
        m_VolumeRendering = vtkSmartPointer<vtkVolume>::New();
        m_VolumeRendering->SetMapper( smartMapper );
```

```
m_VolumeRendering->SetProperty( volumeProperty );
m_VolumeRendering->SetUserTransform( userTransform );


// 최대 밝기값 기준 렌더링 모드 준비
SetCurrentPresetMode( MIP );
}
```

(7) ≫ VolumeData 클래스의 SetCurrentPresetMode() 함수에서 미리 지정된
Volume 렌더링 모드에 따라 밝기 함수와 색상 함수를 설정하도록 정의한다. 이전
에 설정된 함수는 깨끗이 초기화하고, 변경되는 모드에 따라 미리 지정된 값으로
색상 함수와 밝기 함수를 설정한다. 그리고 렌더링 모드에 따라 Volume 맵퍼에서
블렌드 모드를 최대 밝기 모드나 조합 모드로 변경한다.

⊕ VolumeData.cpp

```cpp
void VolumeData::SetCurrentPresetMode( int val )
{
        // Volume Rendering 준비 여부
        if( m_VolumeRendering == NULL ) return;


        // 현재 모드 설정
        m_CurrentPresetMode = val;


        // Volume Mapper 가져오기
        vtkSmartPointer<vtkSmartVolumeMapper> volumeMapper =
                vtkSmartVolumeMapper::SafeDownCast( m_VolumeRendering->GetMapper() );
        if( volumeMapper == NULL ) return;


        // 범위
        double scalarRange[2];
        m_ImageData->GetScalarRange( scalarRange );
        double nMin= scalarRange[0];
        double nMax= scalarRange[1];
```

```
// 초기화
m_ColorFunc->RemoveAllPoints();
m_OpacityFunc->RemoveAllPoints();

// 투명도 함수 및 컬러 함수 설정
switch( m_CurrentPresetMode ) {
case MIP:
        // 최대 밝기값 기준 연속적인 투명도 함수 설정
        m_ColorFunc->AddRGBPoint( nMin, 1.0, 1.0, 1.0 );
        m_ColorFunc->AddRGBPoint( nMax, 1.0, 1.0, 1.0 );

        m_OpacityFunc->AddPoint( nMin, 0.0 );
        m_OpacityFunc->AddPoint( nMax, 1.0 );

        // 최대 밝기 모드로 블렌드 모드 설정
        volumeMapper->SetBlendModeToMaximumIntensity();
        break;
case SKIN:
        // 피부가 잘 보이는 밝기 값에 대해 색 및 투명도 설정
        m_ColorFunc->AddRGBPoint( nMin, 0, 0, 0 );
        m_ColorFunc->AddRGBPoint( -1000, .62, .36, .18 );
        m_ColorFunc->AddRGBPoint( -500, .88, .60, .29 );
        m_ColorFunc->AddRGBPoint( nMax, .83, .66, 1 );

        m_OpacityFunc->AddPoint( nMin, 0 );
        m_OpacityFunc->AddPoint( -1000, 0 );
        m_OpacityFunc->AddPoint( -500, 1.0 );
        m_OpacityFunc->AddPoint( nMax, 1.0 );

        // 조합 모드로 블렌드 모드 설정
        volumeMapper->SetBlendModeToComposite();
        break;
case BONE:
        // 뼈와 혈관이 잘 보이는 밝기 값에 대해 색 및 투명도 설정
```

```
        m_ColorFunc->AddRGBPoint( nMin, 0, 0, 0 );
        m_ColorFunc->AddRGBPoint( 142.68, 0, 0, 0 );
        m_ColorFunc->AddRGBPoint( 145.02, 0.62, 0.0, 0.02 );
        m_ColorFunc->AddRGBPoint( 192.17, 0.91, 0.45, 0.0 );
        m_ColorFunc->AddRGBPoint( 217.24, 0.97, 0.81, 0.61 );
        m_ColorFunc->AddRGBPoint( 384.35, 0.91, 0.91, 1.0 );
        m_ColorFunc->AddRGBPoint( nMax, 1, 1, 1 );


        m_OpacityFunc->AddPoint( nMin, 0.0 );
        m_OpacityFunc->AddPoint( 142.68, 0.0 );
        m_OpacityFunc->AddPoint( 145.02, 0.12 );
        m_OpacityFunc->AddPoint( 192.17, 0.56 );
        m_OpacityFunc->AddPoint( 217.24, 0.78 );
        m_OpacityFunc->AddPoint( 384.35, 0.83 );
        m_OpacityFunc->AddPoint( nMax, 0.83 );


        // 조합 모드로 블렌드 모드 설정
        volumeMapper->SetBlendModeToComposite();
        break;
    }
}
```

8 ≫   VolumeData 클래스의 GetSliceActor() 함수를 정의한다. 슬라이스 타입(Axial, Coronal, Sagittal)을 받아 해당하는 2D 이미지 액터를 반환한다.

⊕ VolumeData.cpp

```
vtkSmartPointer<vtkImageActor> VolumeData::GetSliceActor( int sliceType )
{
    // 슬라이스 타입 검사
    if( sliceType < 0 || sliceType >= 3 ) return NULL;

    // 슬라이스 타입에 해당하는 Actor 반환
    return m_SliceActor[sliceType];
}
```

9 ≫   VolumeData 클래스의 ReadyForSliceRendering() 함수를 정의한다. 3개의 슬라이스 이미지에 공통적으로 적용할 속성 객체를 생성한다. 이미지 속성의 초기 Window / Level 값은 이미지의 전체 밝기 범위와 최대/최소 밝기의 중간값으로 각각 설정한다.

그리고 슬라이스 타입에 따라 전체 인덱스 범위의 중간 위치를 계산하여 슬라이스 인덱스의 초기값으로 설정한다. vtkImageReslice형의 객체를 생성하여 각 슬라이스 타입에 해당하는 슬라이스 행렬로 자른 단면 이미지를 생성하도록 한다. 마지막으로 이미지 액터를 생성하여 생성된 슬라이스 이미지를 입력 데이터로 받도록 하고 공통된 이미지 속성을 설정한다.

```cpp
⊕ VolumeData.cpp

void VolumeData::ReadyForSliceRendering()
{
        // 슬라이스 이미지 렌더링 속성 초기화
        // DICOM 이미지 최대/최소 밝기값
        double range[2];
        m_ImageData->GetScalarRange( range );
        // Volume 인덱스 범위
        int ext[6];
        m_ImageData->GetExtent( ext );

        // DICOM 데이터에 따라 초기 Window / Level 값을 조정
        m_SliceProperty = vtkSmartPointer<vtkImageProperty>::New();
        m_SliceProperty->SetColorLevel( (range[1] + range[0]) / 2 );
        m_SliceProperty->SetColorWindow( range[1] - range[0] );

        // 각 슬라이스 타입에 따라 설정
        for( int sliceType = 0; sliceType < 3; sliceType++ ) {
                // 슬라이스 인덱스의 중간 위치 계산
                switch( sliceType ) {
                case AXIAL:
                        m_SliceIndex[sliceType] = (ext[4] + ext[5]) / 2;
                        break;
```

```
                    case CORONAL:
                            m_SliceIndex[sliceType] = (ext[2] + ext[3]) / 2;
                            break;
                    case SAGITTAL:
                            m_SliceIndex[sliceType] = (ext[0] + ext[1]) / 2;
                            break;
                    }


                    // Image Reslice 생성
                    m_VolumeSlice[sliceType] = vtkSmartPointer<vtkImageReslice>::New();
                    m_VolumeSlice[sliceType]->SetInputData( m_ImageData );
                    m_VolumeSlice[sliceType]->SetOutputDimensionality( 2 );    // 2D로 슬라이스
                    m_VolumeSlice[sliceType]->SetResliceAxes(
                            GetResliceMatrix( sliceType, m_SliceIndex[sliceType] ) ); // 슬라이스 행렬
                    m_VolumeSlice[sliceType]->Update();


                    // 이미지 Actor 생성
                    m_SliceActor[sliceType] = vtkSmartPointer<vtkImageActor>::New();
                    m_SliceActor[sliceType]->GetMapper()
                            ->SetInputData( m_VolumeSlice[sliceType]->GetOutput() );


                    // 각 슬라이스에 공통된 이미지 속성 정의
                    m_SliceActor[sliceType]->SetProperty( m_SliceProperty );
            }
    }
```

(10) ⟫   VolumeData 클래스의 GetResliceMatrix() 함수에서는 슬라이스 타입과 인덱스 위치에 따라 슬라이스 행렬을 계산한다. 여기서 계산한 슬라이스 행렬을 이용하여 vtkImageReslice를 통해 3D Volume 이미지를 잘라 단면 이미지를 만든다. vtkImageReslice에서는 입력받은 슬라이스 행렬로 표현되는 로컬 좌표계의 X-Y 평면으로 자른 단면을 생성한다.

    즉 슬라이스 행렬의 첫 번째 열을 x축 벡터로, 두 번째 열을 y축 벡터로 이용하여 Volume을 자를 단면을 정의한다. 세 번째 열은 z축 벡터로 x, y축 벡터와 오른손 좌표계로 결정되고, 네 번째 열은 단면의 원점을 정의한다. 각 슬라이스의 타

입에 따라 x축 벡터와 y축 벡터가 결정됨으로써 z축 벡터도 결정된다. 단면의 원점은 슬라이스의 인덱스에 따라 움직인다. Volume 데이터의 3차원 공간상의 위치와 크기, 그리고 x, y, z축 방향으로의 해상도인 인덱스 범위를 이용하여, 슬라이스 인덱스에 해당하는 단면의 위치를 계산할 수 있다. 각 슬라이스의 z축을 따라 최댓/최솟값 범위를 가져와서 전체 인덱스에서 현재 인덱스가 위치하는 비율에 따라 z축상의 현재 위치값을 계산한다. 아직 이 코드에서는 DICOM 태그의 Orientation 값을 반영하지 않아서 완전하지 않다.

이 책에서는 최대한 간단히 따라할 수 있도록 단순화하여 구현하였으며, DICOM 데이터에 대한 깊은 이해를 바탕으로 하면 모든 DICOM 데이터에 맞는 슬라이스 행렬을 계산할 수 있을 것이다.

✛ VolumeData.cpp

```cpp
vtkSmartPointer<vtkMatrix4x4> VolumeData::GetResliceMatrix( int sliceType, int sliceIdx )
{
        // 슬라이스 타입 검사
        if( sliceType < 0 || sliceType >= 3 ) return NULL;

        // Slice 타입에 따른 Orientation 행렬
        double sliceMat[3][16] = {
                { // Axial축 행렬
                        1, 0, 0, 0,
                        0, 1, 0, 0,
                        0, 0, 1, 0,
                        0, 0, 0, 1
                },
                { // Coronal축 행렬
                        1, 0, 0, 0,
                        0, 0, 1, 0,
                        0, -1, 0, 0,
                        0, 0, 0, 1
                },
                { // Sagittal축 행렬
                        0, 0, -1, 0,
```

```
                    1, 0, 0, 0,
                    0, -1, 0, 0,
                    0, 0, 0, 1
            }
    };


    // Slice 행렬 생성
    vtkSmartPointer<vtkMatrix4x4> mat = vtkSmartPointer<vtkMatrix4x4>::New();
    mat->DeepCopy( sliceMat[sliceType] );


    // DICOM Volume 데이터 가져오기
    double origin[3];
    double bounds[6];
    int ext[6];
    m_ImageData->GetOrigin( origin );          // Volume 원점
    m_ImageData->GetBounds( bounds );          // Volume 크기
    m_ImageData->GetExtent( ext );             // Volume 인덱스 범위


    // Slice 행렬의 위치를 원점으로 초기화
    for( int i = 0; i < 3; i++ ) mat->SetElement( i, 3, origin[i] );


    // Slice 인덱스에 따른 위치 계산
    double pos;
    switch( sliceType ) {
    case AXIAL:
            // 슬라이스 범위를 벗어나면 최댓/최솟값으로 설정
            if( sliceIdx < ext[4] ) sliceIdx = ext[4];
            if( sliceIdx > ext[5] ) sliceIdx = ext[5];
            // slice 인덱스의 실제 위치 계산
            pos = bounds[4] + (bounds[5] - bounds[4]) * (double)(sliceIdx / (double)ext[5]);
            // z축 위치를 해당하는 slice 인덱스의 위치로 설정
            mat->SetElement( 2, 3, pos );
            break;
    case CORONAL:
            // 슬라이스 범위를 벗어나면 최댓/최솟값으로 설정
```

```
            if( sliceIdx < ext[2] ) sliceIdx = ext[2];
            if( sliceIdx > ext[3] ) sliceIdx = ext[3];
            // slice 인덱스의 실제 위치 계산
            pos = bounds[2] + (bounds[3] − bounds[2]) * (double)(sliceIdx / (double)ext[3]);
            // y축 위치를 해당하는 slice 인덱스의 위치로 설정
            mat−>SetElement( 1, 3, pos );
            break;
        case SAGITTAL:
            // 슬라이스 범위를 벗어나면 최댓/최솟값으로 설정
            if( sliceIdx < ext[0] ) sliceIdx = ext[0];
            if( sliceIdx > ext[1] ) sliceIdx = ext[1];
            // slice 인덱스의 실제 위치 계산
            pos = bounds[0] + (bounds[1] − bounds[0]) * (double)(sliceIdx / (double)ext[1]);
            // x축 위치를 해당하는 slice 인덱스의 위치로 설정
            mat−>SetElement( 0, 3, pos );
            break;
        }

        return mat;
    }
```

(11) ≫   VolumeData 클래스의 GetSliceIndex() 함수를 정의하여 슬라이스 타입에 따른
현재 인덱스 번호를 반환하도록 한다.

⊕ **VolumeData.cpp**

```
int VolumeData::GetSliceIndex( int sliceType )
{
    // 슬라이스 타입 검사
    if( sliceType < 0 || sliceType >= 3 ) return 0;

    // 현재 슬라이스 인덱스 반환
    return m_SliceIndex[sliceType];
}
```

(12) >>   VolumeData 클래스의 SetSliceIndex() 함수를 정의한다. 슬라이스 타입에 따른 현재 인덱스를 수정하고 슬라이스 행렬을 다시 계산하여 단면 이미지를 업데이트한다.

⊕ VolumeData.cpp

```
void VolumeData::SetSliceIndex( int sliceType, int sliceIndex )
{
        // 슬라이스 타입 검사
        if( sliceType < 0 || sliceType >= 3 ) return;

        // 현재 슬라이스 인덱스 설정
        m_SliceIndex[sliceType] = sliceIndex;

        // 슬라이스 행렬 업데이트
        m_VolumeSlice[sliceType]->SetResliceAxes(
                GetResliceMatrix( sliceType, m_SliceIndex[sliceType] ) );
        m_VolumeSlice[sliceType]->Update();
}
```

(13) >>   앞서 생성한 DicomLoader 클래스에서 VolumeData를 저장할 수 있도록 변수를 추가한다. VolumeData.h를 포함시키고 vtkSmartPointer를 이용하여 현재 선택된 DICOM 그룹을 저장할 변수 m_CurrentGroup과 Volume 데이터 변수 m_VolumeData를 선언한다.

그리고 사용자가 DICOM 그룹을 선택하면 해당하는 Volume 데이터를 읽어 와서 구성하는 LoadVolumeData() 함수를 선언한다

⊕ DicomLoader.h

```
#pragma once


#include <vector>
#include <string>
```

```cpp
#include <vtkObject.h>
#include <vtkSmartPointer.h>

#include "DicomGroup.h"
#include "VolumeData.h"

class DicomLoader :
        public vtkObject
{
public:
        vtkTypeMacro( DicomLoader, vtkObject );
        static DicomLoader *New() { return new DicomLoader; };

protected:
        DicomLoader();
        virtual ~DicomLoader();

protected:
        /// DICOM 그룹 목록
        std::vector<vtkSmartPointer<DicomGroup>> m_GroupList;

        /// 현재 선택된 DICOM Group
        vtkSmartPointer<DicomGroup> m_CurrentGroup;

        /// 현재 선택된 Volume 데이터
        vtkSmartPointer<VolumeData> m_VolumeData;

public:
        /// DICOM 디렉터리 열기
        void OpenDicomDirectory( const char* dirPath );

        /// DICOM 파일 추가
        void AddDicomFile( const char *filePath );

        /// DICOM 그룹 개수
```

```
int GetNumberOfGroups() { return (int)m_GroupList.size(); }


/// DICOM 그룹
vtkSmartPointer<DicomGroup> GetDicomGroup( int idx );


/// 현재 선택된 DICOM Group
vtkSmartPointer<DicomGroup> GetCurrentGroup() const { return m_CurrentGroup; }


/// Volume 데이터
vtkSmartPointer<VolumeData> GetVolumeData() const { return m_VolumeData; }


/// DICOM 그룹에서 Volume 데이터 로드
void LoadVolumeData( vtkSmartPointer<DicomGroup> dicomGroup );
};
```

 ≫   DicomLoader.cpp 파일에 아래와 같이 포함 파일을 추가한다.

- #include "DVManager.h" 포함
- #include <vtkStringArray.h> 포함
- #include <gdcmIPPSorter> 포함
- #include "DicomGroup.h" 포함

✛ DicomLoader.cpp

```
#include "stdafx.h"
#include "DicomLoader.h"
#include "DVManager.h"


#include <vtkDirectory.h>
#include <vtkStringArray.h>


#include <vtkGDCMImageReader.h>
#include <gdcmReader.h>
#include <gdcmGlobal.h>
#include <gdcmTag.h>
```

```
#include <gdcmStringFilter.h>
#include <gdcmSplitMosaicFilter.h>
#include <gdcmIPPSorter.h>


#include "DicomGroup.h"
```

⑮ ≫   DicomLoader 클래스의 LoadVolumeData() 함수를 정의한다. 선택된 그룹에 포함된 DICOM 파일들을 정렬하기 위해 GDCM의 IPPSorter 클래스를 사용한다. 이 클래스는 DICOM 태그 중 2D 이미지에서 첫 번째 픽셀의 3차원 위치인 Image Position(Patient) 값을 이용하여 파일을 정렬하며, 정렬이 성공하면 z 방향으로 2D 이미지 간의 거리인 z-Spacing까지 계산해 준다. 입력된 DICOM 파일이 연속된 이미지가 아닐 경우 정렬이 실패할 수 있다. 파일을 정렬한 후 VTK 문자열 배열 형태로 변환하여 vtkGDCMImageReader의 입력값으로 사용한다. 또한 FileLowerLeftOn()을 설정하여 y축 기준으로 오름차순으로 이미지를 읽게 한다.

윈도우 등의 2D 픽셀 공간은 보통 위에서 아래로 향하는 방향을 y축으로 설정하고, VTK 등의 3D 공간은 보통 아래에서 위로 향하는 방향을 y축으로 설정하기 때문에 VTK의 ImageReader에서는 이미지의 y축을 반대로 읽도록 기본 설정이 되어 있다. 하지만 DICOM 이미지를 반대 순서로 읽으면 3차원 Volume 이미지가 좌우 반전되는 결과를 나타내므로 FileLowerLeftOn() 함수를 통해 y축을 정방향으로 읽도록 설정을 변경해야 한다. Volume 이미지와 회전이동 정보를 읽어 VolumeData 형태로 데이터를 구성하고 z-Spacing을 업데이트해 준다. 마지막으로 Volume 렌더링과 슬라이스 렌더링을 위해 각각의 준비 함수를 호출한다.

✦ DicomLoader.cpp

```cpp
void DicomLoader::LoadVolumeData( vtkSmartPointer<DicomGroup> dicomGroup )
{
        // DICOM 그룹 검사
        if( dicomGroup == NULL ) return;


        // 현재 선택된 그룹 저장
        m_CurrentGroup = dicomGroup;
```

```
// 선택된 그룹의 파일 개수 검사
int numFiles = (int)dicomGroup->GetFileList().size();
if( numFiles == 0 ) return;

// DICOM 파일 정렬(Image Position (Patient) 태그 기준)
gdcm::IPPSorter ippSorter;
bool bSortSuccess = ippSorter.Sort( dicomGroup->GetFileList() );

// 성공 시 정렬된 파일 목록 로딩, 실패 시 기존 파일 목록 로딩
std::vector<std::string> sortedFileNames;
if( bSortSuccess ) sortedFileNames = ippSorter.GetFilenames();
else sortedFileNames = dicomGroup->GetFileList();

// vtkStringArray 타입으로 변환
vtkSmartPointer<vtkStringArray> fileArray = vtkSmartPointer<vtkStringArray>::New();
for( int i = 0; i < (int)sortedFileNames.size(); i++ )
        fileArray->InsertNextValue( sortedFileNames[i].c_str() );

// GDCM Image Reader를 이용하여 DICOM 이미지 로딩
vtkSmartPointer<vtkGDCMImageReader> dcmReader =
        vtkSmartPointer<vtkGDCMImageReader>::New();
// 이미지를 아래에서 위로 읽음
dcmReader->FileLowerLeftOn();
// 파일 목록이 1개 이상
if( numFiles > 1 ) dcmReader->SetFileNames( fileArray );
// 파일 목록이 1개(Mosaic Image일 가능성 있음)
else dcmReader->SetFileName( fileArray->GetValue( 0 ) );
// 이미지 로더 업데이트
dcmReader->Update();

// Volume Data 새로 생성
m_VolumeData = vtkSmartPointer<VolumeData>::New();
m_VolumeData->SetImageData( dcmReader->GetOutput() );
m_VolumeData->SetOrientation( dcmReader->GetDirectionCosines() );
```

```
// IPP 정렬 성공 시, IPPSorter에서 계산된 z-spacing으로 업데이트
if( bSortSuccess ) {
        double spacing[3];
        m_VolumeData->GetImageData()->GetSpacing( spacing );
        spacing[2] = ippSorter.GetZSpacing();
        m_VolumeData->GetImageData()->SetSpacing( spacing );
}

// Volume 렌더링 준비
m_VolumeData->ReadyForVolumeRendering();

// Slice 렌더링 준비
m_VolumeData->ReadyForSliceRendering();
}
```

(16) >> 이제 DVManager에 렌더링을 위한 함수를 다음과 같이 추가해 보자.
- #include <vtkRendererCollection.h> 포함
- GetRenderer() : 해당하는 타입의 윈도우에서 첫 번째 렌더러 반환
- OnSelectDicomGroup() : 사용자가 DICOM 그룹을 선택하였을 때, 해당하는 Volume 데이터 읽기 및 렌더링 업데이트
- ClearVolumeDisplay() : 현재 그려진 슬라이스와 Volume을 제거
- UpdateVolumeDisplay() : Volume 데이터 렌더링 업데이트

⊕ DVManager.h

```
#pragma once

#include <vtkSmartPointer.h>
#include <vtkRenderWindow.h>
#include <vtkRenderer.h>
#include <vtkRenderWindowInteractor.h>
#include <vtkCamera.h>
```

```cpp
#include <vtkInteractorStyleTrackballCamera.h>
#include <vtkInteractorStyleImage.h>
#include <vtkRendererCollection.h>

#include "DicomLoader.h"

class DVManager
{

        // …
        // 중략
        // …


public:
        /// View 타입에 따른 VTK 렌더러
        vtkSmartPointer<vtkRenderer> GetRenderer( int viewType );

        /// DICOM Group 선택 시, 화면 업데이트 및 초기화
        void OnSelectDicomGroup( vtkSmartPointer<DicomGroup> group );

        /// Volume 그리기 초기화
        void ClearVolumeDisplay();

        /// Volume 그리기 업데이트
        void UpdateVolumeDisplay();
};
```

(17) >> DVManager 클래스의 GetRenderer() 함수를 정의한다. 뷰 타입에 해당하는 VTK 윈도우의 첫 번째 렌더러를 반환해 준다.

⊕ DVManager.cpp

```
vtkSmartPointer<vtkRenderer> DVManager::GetRenderer( int viewType )
{
        // View 타입 검사
        if( viewType < 0 || viewType >= NUM_VIEW ) return NULL;
        // vtkRenderWindow 생성 여부 검사
        if( m_vtkWindow[viewType] == NULL ) return NULL;

        // 해당하는 View 타입의 vtkRenderWindow에서 첫 번째 Renderer 반환
        return m_vtkWindow[viewType]->GetRenderers()->GetFirstRenderer();
}
```

(18) >> DVManager 클래스에 사용자가 DICOM 그룹을 선택하였을 때 호출할 OnSelectDicomGroup() 함수를 정의한다. 화면을 초기화하고 Volume 데이터를 읽어 슬라이스 렌더링과 Volume 렌더링을 업데이트한다.

⊕ DVManager.cpp

```
void DVManager::OnSelectDicomGroup( vtkSmartPointer<DicomGroup> group )
{
        // 렌더링 초기화
        ClearVolumeDisplay();

        // 선택된 DICOM 그룹에서 Volume 데이터 로드
        GetDicomLoader()->LoadVolumeData( group );

        // Volume 데이터 렌더링 업데이트
        UpdateVolumeDisplay();
}
```

(19) »   DVManager 클래스의 ClearVolumeDisplay() 함수를 정의한다. 현재 로드된 Volume 데이터가 있으면 렌더러에 추가된 액터 및 Volume을 모두 제거한다.

DVManager.cpp

```cpp
void DVManager::ClearVolumeDisplay()
{
        // 로드된 Volume 데이터 검사
        vtkSmartPointer<VolumeData> volumeData = GetDicomLoader()->GetVolumeData();
        if( volumeData == NULL ) return;

        // 3D 뷰에 볼륨 렌더링 제거
        GetRenderer( VIEW_3D )->RemoveViewProp( volumeData->GetVolumeRendering() );

        // 슬라이스 뷰에 각 슬라이스 Actor 제거
        for( int viewType = VIEW_AXIAL; viewType <= VIEW_SAGITTAL; viewType++ ) {
                GetRenderer( viewType )->RemoveActor( volumeData->GetSliceActor(
viewType ) );
        }
}
```

(20) »   DVManager 클래스의 UpdateVolumeDisplay() 함수를 정의한다. 3D 뷰에는 Volume 렌더링을 추가하고 각 슬라이스 뷰에는 이미지 액터를 추가한다. 각 액터를 추가한 다음은 현재의 화면 중앙에 대상이 오도록 카메라를 재설정한다.

DVManager.cpp

```cpp
void DVManager::UpdateVolumeDisplay()
{
        // 로드된 Volume 데이터 검사
        vtkSmartPointer<VolumeData> volumeData = GetDicomLoader()->GetVolumeData();
        if( volumeData == NULL ) return;

        // 3D 뷰에 볼륨 렌더링 추가
        GetRenderer( VIEW_3D )->AddViewProp( volumeData->GetVolumeRendering() );
```

```
GetRenderer( VIEW_3D )->ResetCamera();         // 카메라 재설정
m_vtkWindow[VIEW_3D]->Render();                // 화면 갱신

// 슬라이스 뷰에 각 슬라이스 Actor 추가
for( int viewType = VIEW_AXIAL; viewType <= VIEW_SAGITTAL; viewType++ ) {
        GetRenderer( viewType )->AddActor( volumeData->GetSliceActor( viewType ) );
        GetRenderer( viewType )->ResetCamera();        // 카메라 재설정
        m_vtkWindow[viewType]->Render();               // 화면 갱신
}
}
```

(21) >>   사용자가 DICOM 그룹 트리에서 Volume 노드를 더블 클릭하면 해당 Volume 데이터를 읽도록 할 것이다. CDicomGroupView 클래스에서 트리 컨트롤의 더블클릭 이벤트를 처리하기 위해 OnNMDblclk() 함수를 아래와 같이 선언한다.

도킹 윈도우는 MFC의 리소스 에디터를 사용하지 않기 때문에 클래스 마법사에서 자식 컨트롤의 이벤트 처리 함수를 생성할 수가 없으니, 모든 코드를 손으로 직접 입력해야 한다.

⊕ DicomGroupView.h

```
#pragma once

class CDicomGroupView :
        public CDockablePane
{

        // …
        // 중략
        // …

        DECLARE_MESSAGE_MAP()
        afx_msg int OnCreate( LPCREATESTRUCT lpCreateStruct );
        afx_msg void OnSize( UINT nType, int cx, int cy );
        afx_msg void OnNMDblclk( NMHDR *pNMHDR, LRESULT *pResult );
};
```

(22) >>   CDicomGroupView.cpp 파일에서 BEGIN_MESSAGE_MAP 부분을 찾는다. 이 부분에서 이벤트 발생에 대한 처리 함수를 연결해 주면 된다. 앞에서 생성한 DICOM 그룹 트리 컨트롤 항목에서 발생한 더블 클릭 이벤트에 대한 알림을 OnNMDblClk() 함수로 연결시키기 위해 ON_NOTIFY를 아래와 같이 정의한다.

✛ DicomGroupView.cpp

```
BEGIN_MESSAGE_MAP( CDicomGroupView, CDockablePane )
        ON_WM_CREATE()
        ON_WM_SIZE()
        ON_NOTIFY( NM_DBLCLK, CDicomGroupView::ID_DICOM_GROUP_TREE,
                &CDicomGroupView::OnNMDblclk )
END_MESSAGE_MAP()
```

(23) >>   CDicomGroupView 클래스의 OnNMDblClk() 함수는 아래와 같이 정의한다. 현재 선택된 트리 항목을 받아서 트리 항목에 미리 연결된 DicomGroup 데이터를 파라미터로 매니저의 OnSelectDicomGroup() 함수를 호출한다.

✛ DicomGroupView.cpp

```
void CDicomGroupView::OnNMDblclk( NMHDR *pNMHDR, LRESULT *pResult )
{
        // 현재 선택된 트리 아이템
        HTREEITEM hItem = m_DicomGroupTree.GetSelectedItem();
        if( hItem == NULL ) return;

        // 선택된 트리 아이템에 연결된 DICOM 그룹
        DicomGroup* group = (DicomGroup*)m_DicomGroupTree.GetItemData( hItem );
        if( group == NULL ) return;

        // DICOM 그룹 선택 처리
        DVManager::Mgr()->OnSelectDicomGroup( group );
}
```

여기까지 사용자가 DICOM Group 트리에서 Volume 노드를 더블 클릭하면 해

당하는 Volume 데이터를 읽어 Axial, Coronal, Sagittal 방향의 슬라이스 렌더
링과 3차원 Volume 렌더링 실행하는 부분을 구현하였다. 데이터 로딩과 렌더
링의 핵심 부분은 여기까지이고, 지금부터는 앞에서 정의된 데이터 구조와 함
수들을 이용하여 스크롤바 컨트롤을 이용한 슬라이스 탐색과 리본 메뉴를 통한
Volume 렌더링의 타입 변경 인터페이스를 구현하는 부분을 설명한다.

 CDlgVtkView 클래스에서 Volume 데이터에 따라 스크롤바를 업데이트해 줄
UpdateScrollBar() 함수를 선언한다.

⊕ DlgVtkView.h

```
#pragma once




// CDlgVtkView 대화 상자입니다.


class CDlgVtkView : public CDialogEx
{


        // …
        // 중략
        // …


public:
        /// 이 Dialog의 View Type 얻기 / 설정
        int GetViewType() const { return m_ViewType; }
        void SetViewType( int val ) { m_ViewType = val; }


        /// Volume 데이터가 로드되면 각 Slice별 인덱스 범위에 따라 스크롤바 업데이트
        void UpdateScrollBar();


        // …
        // 중략
        // …


};
```

25 » CDlgVtkView 클래스의 UpdateScrollBar() 함수를 정의한다. Volume 데이터의 인덱스 범위를 가져와서 스크롤바의 최댓/최솟값을 설정하고, 스크롤바의 위치를 현재의 슬라이스 인덱스와 일치하도록 설정한다.

```cpp
⊕ DlgVtkView.cpp

void CDlgVtkView::UpdateScrollBar()
{
        // 스크롤바 생성 여부 검사
        if( m_ScrollBar.GetSafeHwnd() == NULL ) return;

        // 현재 로드된 Volume 데이터
        vtkSmartPointer<VolumeData> volumeData =
                DVManager::Mgr()->GetDicomLoader()->GetVolumeData();
        if( volumeData == NULL ) return;

        // Volume 이미지의 인덱스 범위
        int ext[6];
        volumeData->GetImageData()->GetExtent( ext );

        // 슬라이스 타입에 따른 스크롤바 범위 설정
        switch( m_ViewType ) {
        case DVManager::VIEW_AXIAL:
                m_ScrollBar.SetScrollRange( ext[4], ext[5] );
                break;
        case DVManager::VIEW_CORONAL:
                m_ScrollBar.SetScrollRange( ext[2], ext[3] );
                break;
        case DVManager::VIEW_SAGITTAL:
                m_ScrollBar.SetScrollRange( ext[0], ext[1] );
                break;
        }

        // 스크롤바 위치 설정
        m_ScrollBar.SetScrollPos( volumeData->GetSliceIndex( m_ViewType ) );
}
```

>> CChildView 클래스에 protected로 선언된 VTK 윈도우를 외부에서 접근할 수 있도록 GetDlgVtkView() 함수를 선언한다.

⊕ ChildView.h

```
class CChildView : public CWnd
{
        // …
        // 중략
        // …

// 특성입니다.
protected:
        CDlgVtkView            m_dlgVtkView[4];

// 작업입니다.
public:
        /// View 타입에 따른 VTK 창
        CDlgVtkView* GetDlgVtkView( int viewType );

        // …
        // 중략
        // …
};
```

27 >> CChildView 클래스의 GetDlgVtkView() 함수는 뷰 타입에 따라 해당하는 VTK 윈도우를 반환하도록 정의한다.

⊕ ChildView.cpp

```
CDlgVtkView* CChildView::GetDlgVtkView( int viewType )
{
        // View 타입 검사
        if( viewType < 0 || viewType > 3 ) return NULL;
```

```
        // 해당하는 VTK 창 반환
    return &m_dlgVtkView[viewType];
}
```

(28) >> CMainFrame 클래스에 protected로 선언된 기본 뷰 윈도우를 외부에서 접근
할 수 있도록 GetWndView() 함수를 정의한다.

➕ MainFrame.h

```
#pragma once
#include "ChildView.h"
#include "DicomGroupView.h"

class CMainFrame : public CFrameWndEx
{
    // …
    // 중략
    // …


public:
    /// 기본 View 윈도우
    CChildView* GetWndView() { return &m_wndView; }

    // …
    // 중략
    // …
};
```

29 >> DVManager에서 MFC의 메인 프레임과 메인 뷰 윈도우를 참조하기 위해 해당 헤더 파일을 포함시킨다. 이때 헤더 파일의 순서에 유의한다.

⊕ DVManager.h

```
#include "stdafx.h"
#include "DVManager.h"


#include "DICOMViewer.h"
#include "MainFrm.h"
#include "ChildView.h"
```

30 >> DVManager 클래스의 OnSelectDicomGroup() 함수를 수정하여 Volume 데이터를 읽은 후 각 슬라이스 윈도우의 스크롤바를 업데이트하는 부분을 추가한다. 메인 프레임은 AfxGetMainWnd() 함수를 통해 접근할 수 있고, 앞서 추가한 함수들을 이용하여 메인 뷰와 VTK 윈도우를 접근하여 UpdateScrollBar() 함수를 호출한다.

⊕ DVManager.cpp

```
void DVManager::OnSelectDicomGroup( vtkSmartPointer<DicomGroup> group )
{
        // 렌더링 초기화
        ClearVolumeDisplay();

        // 선택된 DICOM 그룹에서 Volume 데이터 로드
        GetDicomLoader()->LoadVolumeData( group );

        // Volume 데이터 렌더링 업데이트
        UpdateVolumeDisplay();

        // 기본 View 윈도우 얻기
        CChildView* mainView = ((CMainFrame*)AfxGetMainWnd())->GetWndView();
        if( mainView == NULL ) return;
```

```
        // 2D View 스크롤바 업데이트
        for( int viewType = VIEW_AXIAL; viewType <= VIEW_SAGITTAL; viewType++ ) {
                mainView->GetDlgVtkView( viewType )->UpdateScrollBar();
        }
}
```

(31) 〉〉   이제 사용자가 스크롤바를 움직이면 해당하는 슬라이스 이미지의 인덱스가 변경
되도록 구현해 보자. DVManager 클래스에 ScrollSliceIndex() 함수를 선언한다.

⊕ DVManager.h

```
class DVManager
{

        // ...
        // 중략
        // ...

        /// 스크롤바를 통한 슬라이스 인덱스 변경
        void ScrollSliceIndex( int viewType, int pos );
};
```

(32) 〉〉   DVManager 클래스의 ScrollSliceIndex() 함수를 정의한다. 스크롤바가 부착
된 VTK 윈도우의 뷰 타입과 스크롤바의 위치를 파라미터로 받아 Volume 데이
터의 슬라이스 인덱스를 설정하고 화면을 업데이트한다.

⊕ DVManager.cpp

```
void DVManager::ScrollSliceIndex( int viewType, int pos )
{
        // 현재 로드된 Volume 데이터
        vtkSmartPointer< VolumeData > volumeData = GetDicomLoader()->GetVolumeData();
```

```
if( volumeData == NULL ) return;

// Volume 이미지의 인덱스 설정
volumeData->SetSliceIndex( viewType, pos );

// 화면 업데이트
m_vtkWindow[viewType]->Render();
}
```

(33) ≫   CDlgVtkView 클래스의 OnHScroll() 함수를 수정한다. 앞에서 WM_ HSCROLL 이벤트의 처리 함수로 추가하였던 함수이다. 만약 추가되어 있지 않으면 클래스 마법사를 통해 다시 추가한다. 이 함수는 사용자가 스크롤바를 드래그하거나 좌/우 버튼을 클릭하는 등의 이벤트를 받아서 스크롤 위치를 수정하고, 매니저의 SetScrollIndex() 함수를 호출한다.

✦ DlgVtkView.cpp

```
void CDlgVtkView::OnHScroll( UINT nSBCode, UINT nPos, CScrollBar* pScrollBar )
{
    // 현재 스크롤바 위치
    int scrollPos = pScrollBar->GetScrollPos();

    // 스크롤바 컨트롤 인터페이스 유형에 따른 변경 값
    switch( nSBCode ) {
    case SB_LINELEFT:            // 한 칸 왼쪽
        scrollPos -= 1;
        break;
    case SB_LINERIGHT:           // 한 칸 오른쪽
        scrollPos += 1;
        break;
    case SB_PAGELEFT:            // 한 페이지 왼쪽
        scrollPos -= 10;
        break;
```

```
        case SB_PAGERIGHT:              // 한 페이지 오른쪽
                scrollPos += 10;
                break;
        case SB_THUMBTRACK:             // 스크롤바 드래그
                scrollPos = (int)nPos;
                break;
        }


        // 인터페이스 대상 스크롤바가 m_ScrollBar일 때
        if( pScrollBar == &m_ScrollBar ) {
                // 스크롤바 위치 설정
                pScrollBar->SetScrollPos( scrollPos );


                // 슬라이스 이미지 스크롤
                DVManager::Mgr()->ScrollSliceIndex( m_ViewType, scrollPos );
        }


        CDialogEx::OnHScroll( nSBCode, nPos, pScrollBar );
}
```

이 단계까지 마치면 Volume 데이터를 로딩한 후 스크롤바를 통해 각 슬라이스를 탐색할 수 있다. 이제 Volume 렌더링 타입 설정 부분을 연결하자.

 ≫ Volume 렌더링 타입을 선택할 콤보 박스를 Ribbon 메뉴에 추가해 보자.
- "리소스 뷰" 탭에서 리본 메뉴 항목 열기
- "도구 상자"에서 "콤보 상자" 항목을 "상태 표시줄" 체크 메뉴 뒤로 끌어다 놓기
- 새로운 콤보 상자에서 우클릭하여 "속성" 메뉴 실행
- 아래와 같이 속성을 수정
  - ID : ID_COMBO_VOLUME_RENDER_MODE
  - Data : MIP;Skin;Bone;
  - Caption : Mode
  - Text : MIP
  - Type : Drop List

– Width : 50

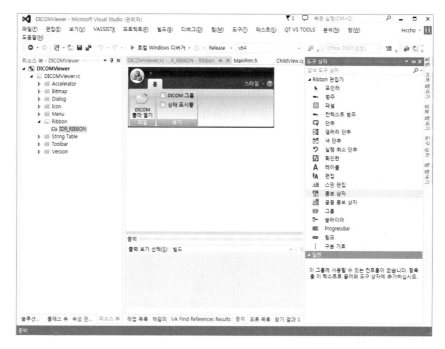

그림 4-66 리본 메뉴의 콤보 상자 항목 추가

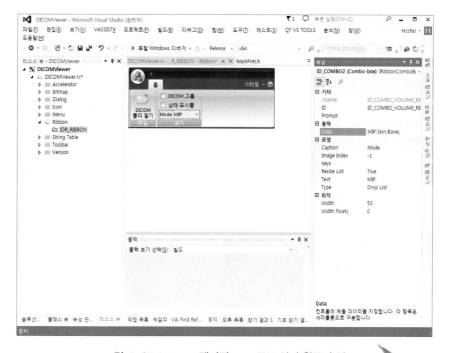

그림 4-67 Volume 렌더링 모드 콤보 상자 항목 속성

35 ≫   CMainFrame 클래스에서 ID_COMBO_VOLUME_RENDER_MODE 메뉴의
처리 함수를 추가한다.

● "프로젝트 > 클래스 마법사" 메뉴 실행

● CMainFrame 클래스 선택

● "명령" 탭에서 ID_COMBO_VOLUME_RENDER_MODE 항목을 찾아서
COMMAND 메시지 처리 코드 추가

그림 4-68 콤보 상자 이벤트 처리 함수 추가

36 ≫ DVManager 클래스에서 사용자가 Volume 렌더링 모드를 변경하면 호출할 ChangeVolumeRenderMode() 함수를 선언한다.

➕ DVManager.h

```
class DVManager
{
        // ···
        // 중략
        // ···

        /// Volume 렌더링 모드 변경
        void ChangeVolumeRenderMode( int renderMode );
};
```

37 ≫ DVManager 클래스의 ChangeVolumeRenderMode() 함수를 정의한다. 앞서 정의한 SetCurrentPresetMode() 함수를 이용하여 Volume 렌더링 모드를 변경하고 3D 뷰의 화면을 업데이트한다.

➕ DVManager.cpp

```
void DVManager::ChangeVolumeRenderMode( int renderMode )
{
        // 현재 로드된 Volume 데이터 검사
        vtkSmartPointer<VolumeData> volumeData = GetDicomLoader()->GetVolumeData();
        if( volumeData == NULL ) return;

        // Volume 데이터의 모드 변경
        volumeData->SetCurrentPresetMode( renderMode );

        // 화면 업데이트
        m_vtkWindow[VIEW_3D]->Render();
}
```

(38) ≫   CMainFrame 클래스의 OnComboVolumeRenderMode() 함수를 정의한다. 콤보 박스에서 현재 선택된 항목을 가져오기 위해 먼저 콤보 박스 컨트롤의 포인터를 얻어야 한다. 리본 메뉴의 FindByID 함수에 콤보 박스의 ID를 이용하여 해당 항목을 찾고 DYNAMIC_DOWNCAST를 통해 CMFCRibbonComboBox 형으로 다운 캐스팅한다. 이와 같은 방식으로 리본 메뉴의 다른 컨트롤 항목의 포인터도 얻을 수 있다. 콤보 박스에서 선택된 인덱스를 얻어 매니저의 ChangeVolumeRenderMode() 함수를 호출하여 해당하는 Volume 렌더링 모드로 변경한다. 여기까지 완료하면 사용자의 선택에 따라 미리 정의된 Volume 렌더링을 변경하여 보여줄 수 있다. Volume 렌더링 프리셋 부분의 코드를 수정하거나 추가하면 원하는 Volume 렌더링을 직접 만들어볼 수도 있다.

MainFrame.cpp

```
void CMainFrame::OnComboVolumeRenderMode()
{
    // 리본 메뉴의 콤보 박스 컨트롤 가져오기
    CMFCRibbonComboBox *volumeModeComboBox =
            DYNAMIC_DOWNCAST(CMFCRibbonComboBox,
            m_wndRibbonBar.FindByID(ID_COMBO_VOLUME_RENDER_MODE));

    // 콤보 박스에서 선택된 인덱스
    int selectedIdx = volumeModeComboBox->GetCurSel();

    // Volume 렌더링 모드 변경
    DVManager::Mgr()->ChangeVolumeRenderMode( selectedIdx );
}
```

(39) ≫   마지막으로 VTK 윈도우에 텍스트를 통해 정보를 표시하는 코드를 추가해 보자. VTK 윈도우의 네 모퉁이에 텍스트를 표시할 수 있는 vtkCornerAnnotation 클래스를 이용할 것이다. DVManager.h 파일에서 vtkCornerAnnotation.h 헤더 파일을 포함시키고, 모든 뷰에 정보를 표시하기 위해 4개의 배열로 변수를 선언한다. 그리고 각 뷰의 정보를 업데이트하고 표시하는 UpdateAnnotation() 함수와 내부적으로 슬라이스 뷰의 정보를 업데이트하는 UpdateSliceAnnotation() 함수를 선언한다.

⊕ DVManager.h

```cpp
#pragma once

#include <vtkSmartPointer.h>
#include <vtkRenderWindow.h>
#include <vtkRenderer.h>
#include <vtkRenderWindowInteractor.h>
#include <vtkCamera.h>
#include <vtkInteractorStyleTrackballCamera.h>
#include <vtkInteractorStyleImage.h>
#include <vtkRendererCollection.h>
#include <vtkCornerAnnotation.h>

#include "DicomLoader.h"

class DVManager
{
        // …
        // 중략
        // …

protected:
        /// 정보 표시
        vtkSmartPointer<vtkCornerAnnotation> m_Annotation[NUM_VIEW];

public:
        // …
        // 중략
        // …

        /// 정보 표시 업데이트
        void UpdateAnnotation();

        /// DICOM 슬라이스 정보 표시
        void UpdateSliceAnnotation( int viewType );
};
```

(40) ≫   DVManager 클래스의 UpdataSliceAnnotation() 함수를 정의한다. 이 함수에서는 각 슬라이스의 정보(슬라이스 이름, 현재 인덱스/전체 인덱스 등)와 환자 정보(이름, 생년월일, 성별, 나이, 몸무게 등)를 텍스트로 구성하여 표시해 준다. 슬라이스 정보는 왼쪽 위 모퉁이에, 환자 정보는 오른쪽 위 모퉁이에 표시해 주도록 하자.

vtkCornerAnnotation 클래스에서 각 모퉁이의 인덱스 순서는 왼쪽 아래(0), 오른쪽 아래(1), 왼쪽 위(2), 오른쪽 위(3)와 같다. SetText() 함수를 이용하여 해당하는 위치에 구성한 텍스트를 표시한다.

⊕ DVManager.cpp

```cpp
void DVManager::UpdateSliceAnnotation( int viewType )
{
        // 2D 슬라이스 View 타입 검사
        if( viewType != VIEW_AXIAL &&
                viewType != VIEW_CORONAL &&
                viewType != VIEW_SAGITTAL ) return;

        // Volume 데이터 검사
        vtkSmartPointer<VolumeData> volumeData = GetDicomLoader()->GetVolumeData();
        if( volumeData == NULL ) return;

        // Volume 이미지의 인덱스 범위
        int ext[6];
        volumeData->GetImageData()->GetExtent( ext );

        // 왼쪽 위 정보 : 슬라이스 이름/인덱스
        std::string leftTopText;
        switch( viewType ) {
        case VIEW_AXIAL:
                leftTopText = "Axial\n" +
                        std::to_string( volumeData->GetSliceIndex( viewType ) ) +
                        " / " + std::to_string( ext[5] );
                break;
```

```
        case VIEW_CORONAL:
                leftTopText = "Coronal\n" +
                        std::to_string( volumeData->GetSliceIndex( viewType ) ) +
                        " / " + std::to_string( ext[3] );
                break;
        case VIEW_SAGITTAL:
                leftTopText = "Sagittal\n" +
                        std::to_string( volumeData->GetSliceIndex( viewType ) ) +
                        " / " + std::to_string( ext[1] );
                break;
        }

        // 그룹 데이터 검사
        vtkSmartPointer<DicomGroup> group = GetDicomLoader()->GetCurrentGroup();
        if( group == NULL ) return;

        // 오른쪽 위 정보 : 환자 정보
        std::string rightTopText = group->GetPatientName() + "\n"
                + group->GetPatientBirthDate() + "\n"
                + group->GetPatientSex() + "\n"
                + group->GetPatientAge() + "\n"
                + group->GetPatientWeight() + "\n";

        // 왼쪽 위 코너(인덱스 2) 정보 표시
        m_Annotation[viewType]->SetText( 2, leftTopText.c_str() );
        // 오른쪽 위 코너(인덱스 3) 정보 표시
        m_Annotation[viewType]->SetText( 3, rightTopText.c_str() );
}
```

(41) ≫   DVManager 클래스의 UpdateAnnotation() 함수에서는 vtkCornerAnnotation
객체를 생성하여 해당하는 VTK 윈도우에 렌더링되도록 추가한다. 그리고 2D 슬
라이스 뷰에는 UpdateSliceAnnotation() 함수를 통해 정보 표시를 업데이트하고
3D 뷰에는 "3D"라는 텍스트만 왼쪽 위 코너에 표시하도록 한다.

⊹ DVManager.cpp

```
void DVManager::UpdateAnnotation()
{
        // 정보 표시 객체 생성
        for( int viewType = 0; viewType < NUM_VIEW; viewType++ ) {
                if( m_Annotation[viewType] == NULL ) {
                        m_Annotation[viewType] = vtkSmartPointer<vtkCornerAnnotation>::New();
                        m_Annotation[viewType]->SetMaximumFontSize( 20 );

                        GetRenderer( viewType )->AddViewProp( m_Annotation[viewType] );
                }

                // 2D 슬라이스 정보 표시
                UpdateSliceAnnotation( viewType );
        }

        // 3D 정보 표시
        m_Annotation[VIEW_3D]->SetText( 2, "3D" );
}
```

≫   이제 DVManager 클래스의 OnSelectDicomGroup() 함수를 수정하여 처음 Volume 데이터가 로드될 때 정보 표시도 업데이트하도록 코드를 추가한다. 전체 화면 갱신이 UpdateVolumeDisplay() 함수에서 이루어지므로 이 함수 앞에 UpdateAnnotation() 함수를 호출한다.

⊕ **DVManager.cpp**

```cpp
void DVManager::OnSelectDicomGroup( vtkSmartPointer<DicomGroup> group )
{
        // 렌더링 초기화
        ClearVolumeDisplay();

        // 선택된 DICOM 그룹에서 Volume 데이터 로드
        GetDicomLoader()->LoadVolumeData( group );

        // 정보 표시 업데이트
        UpdateAnnotation();

        // Volume 데이터 렌더링 업데이트
        UpdateVolumeDisplay();

        // 기본 View 윈도우 얻기
        CChildView* mainView = ((CMainFrame*)AfxGetMainWnd())->GetWndView();
        if( mainView == NULL ) return;

        // 2D View 스크롤바 업데이트
        for( int viewType = VIEW_AXIAL; viewType <= VIEW_SAGITTAL; viewType++ ) {
                mainView->GetDlgVtkView( viewType )->UpdateScrollBar();
        }
}
```

(43) >> 사용자가 슬라이스 윈도우의 스크롤바를 움직일 때에도 정보 표시가 업데이트 되어야 한다. 그러므로 DVManager 클래스의 ScrollSliceIndex() 함수에도 정보 표시 부분을 업데이트하도록 UpdateAnnotation() 함수를 추가한다.

```cpp
⊕ DVManager.cpp

void DVManager::ScrollSliceIndex( int viewType, int pos )
{
        // 현재 로드된 Volume 데이터
        vtkSmartPointer<VolumeData> volumeData = GetDicomLoader()->GetVolumeData();
        if( volumeData == NULL ) return;

        // Volume 이미지의 인덱스 설정
        volumeData->SetSliceIndex( viewType, pos );

        // 정보 표시 업데이트
        UpdateAnnotation();

        // 화면 업데이트
        m_vtkWindow[viewType]->Render();
}
```

이상으로 기본적인 DICOM 뷰어 프로그램을 완성해 보았다. 이 예제를 기반으로 의료 영상 정보를 이용하여 환자 정보 모델링, 진단, 수술 계획 등을 위한 프로그램으로 발전시켜 나갈 수 있을 것이다.

부 록

부록 1

VTK 설치법

1 VTK 다운로드

VTK 홈페이지의 다운로드 페이지(*http://www.vtk.org/download/*)에서 8.0.0 버전의 "Source", "Data"를 다운로드한다. "Source"는 VTK의 소스 코드이고, "Data"는 샘플 데이터이다. "Documentation"은 HTML로 된 API 설명 문서이며 온라인으로 매뉴얼 페이지(*http://www.vtk.org/doc/nightly/html/*)에 접속하여 볼 수 있다.

Documentation 파일을 오프라인으로 참조할 때는 압축을 풀어서 index.html 파일을 실행하여 사용한다.

Platform	Files
Source	VTK-8.0.0.zip
	VTK-8.0.0.tar.gz
Data	VTKData-8.0.0.zip
	VTKData-8.0.0.tar.gz
	VTKLargeData-8.0.0.zip
	VTKLargeData-8.0.0.tar.gz
Documentation	vtkDocHtml-8.0.0.tar.gz

Latest Release (8.0.0)

그림 부록 1-1 VTK 홈페이지 다운로드 화면

2 VTK용 폴더 생성 및 복사

① ≫ VTK 파일들을 모아 놓을 폴더(예 D:₩SDK₩vtk-8.0.0)를 생성하고 VTK-8.0.0.zip 파일과 VTKData-8.0.0.zip 파일을 다운로드하여 이 폴더로 복사한다. 두 개의 압축 파일을 풀면 VTK-8.0.0이라는 폴더가 생성되는데, 부모 폴더 이름과 중복되는 이름이므로 혼란을 피하기 위해 "src"라는 이름으로 수정한다. 그리고 CMake 실행 후, 해당 PC의 개발 환경(Operating System, VisualStudio 버전 등) 및 옵션에 맞추어 VTK 프로젝트가 생성될 폴더를

"cmake-bin"이라는 이름으로 생성한다.

※ 폴더 경로는 꼭 저자의 방법과 같을 필요는 없으며, 본서에서는 이후로 각각
의 폴더를 ~Wsrc, ~Wcmake-bin으로 표기하기로 한다.

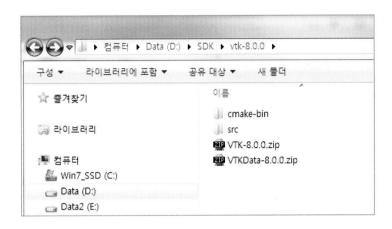

그림 부록 1-2 VTK 설치 폴더 경로

3 ／ CMake 설치 및 VTK 옵션 설정 　🔺*CMake*

　　CMake(Cross Platform Make)는 여러 개발 환경에 대해 각각의 플랫폼에 맞도록 open-source를 빌드하여 주는 프로그램이다. *http://www.cmake.org/*에서 최신 버전을 다운로드 받아 설치한다. 본 저자는 Windows용 Installer(cmake-3.8.2-win64-x64.msi)를 사용하였다.

① ≫　CMake를 실행하여 상단의 source와 cmake-bin 경로를 설정한다.

　　➔ "Where is the source code" : ~\src

　　➔ "Where to build the binaries" : ~\cmake-bin

그림 부록 1-3　CMake 경로 설정

② ≫　하단의 "Configure" 버튼을 누른 후, 해당 플랫폼을 선택한다. 저자는 Windows7 64bit OS 및 VisualStudio2013을 사용하고 있으므로, 아래 그림과 같이 선택하였다. Windows 10이나 VisualStudio2015, VisualStudio2017을 사용하여도 무방하며 사용자의 개발 환경에 맞게 CMake 플랫폼 설정을 하도록 한다.

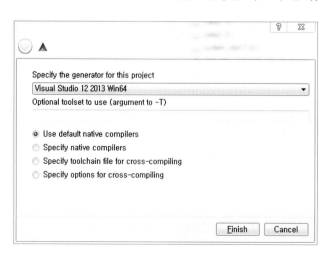

그림 부록 1-4　CMake 플랫폼 설정

③ ≫ 1차로 해당 코드가 생성되기를 기다린 후, 중간 부분의 "Advanced"를 선택하여 고급 옵션까지 표시한다.

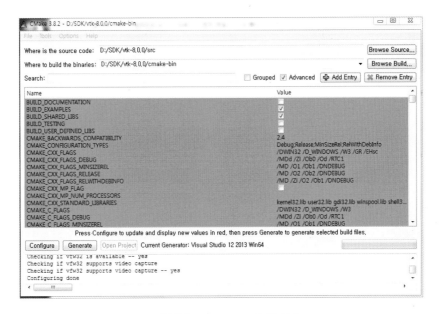

그림 부록 1-5 CMake 옵션 설정

④ ≫ 중앙에 붉은색으로 표시된 값들 중 필요 항목을 다음과 같이 바꾸어 준 후, "Configure" 버튼을 다시 클릭한다.

- "BUILD_EXAMPLES" ➡ VTK 예제 파일들을 포함하여 빌드할지를 결정하는 옵션이다. VTK 예제까지 포함하면 빌드 시간이 더 오래 걸리며, 반드시 이 옵션을 체크하여 빌드할 필요는 없다. 단, 본서의 1-2절에 나와 있는 "예제 코드 실행하기"를 실습해 보고자 하면 이 옵션을 체크한 후 빌드하여야 한다.
- "BUILD_SHARED_LIBS" ➡ ON (DLL 생성)
- "BUILD_TESTING" ➡ OFF
- "CMAKE_INSTALL_PREFIX" ➡ D:/SDK/vtk-8.0.0/${BUILD_TYPE} (VTK 설치 폴더에 /${BUILD_TYPE}를 덧붙인다. 이 명령어를 사용하면, 추후에 인스톨 시 Release / Debug와 같은 Visual Studio 구성 폴더로 자동 변경된다.)
- "VTK_RENDERING_BACKEND" ➡ OpenGL (모바일 디바이스가 아닌 PC에서 구동 시에는 OpenGL2보다 OpenGL이 호환성이 좋다.)
- "Module_vtkRenderingParallel" ➡ On (Volume Rendering 등에서 멀티 코어의 렌더링 가속화를 가능하게 한다.)

- "Module_vtk~" ➡ 위에 언급된 옵션 이외에도 추후에 필요한 모듈이 있으면 CMake에서 포함하여 다시 빌드할 수 있다.

⑤ ≫ 붉은색으로 표시된 새로운 하위 옵션이 나오면 그대로 "Configure" 버튼을 누른다. 한 옵션을 바꾸게 되면 해당 옵션 하위의 세부 옵션들이 붉은색으로 표시되어 사용자에게 세부 옵션에 대한 사용 여부를 묻게 되며, 모든 옵션들의 사용 여부가 정해지면 붉은색으로 표시된 항목 없이 Configuring이 완료가 된다. 특별히 바꿀 세부 옵션이 없으면 "Configure" 버튼을 다시 누른다.

⑥ ≫ 더 이상 붉은색으로 표시된 항목 없이 Configuring이 완료되면 "Generate" 버튼을 눌러 코드를 생성한다. 즉, Configuring 작업은 사용자에게 필요한 VTK 옵션 세팅을 하는 작업이며, Generate 버튼을 눌러 생성된 코드는 ~Wcmake-bin 폴더에서 확인할 수 있다.

4 VTK 빌드

~Wcmake-bin 폴더에 생성된 소스 파일을 빌드하는 과정이다.

① ≫ ~Wcmake-bin 폴더에 생성된 "VTK.sln" 파일을 더블 클릭하여 VisualStudio를 실행한다.

② ≫ VisualStudio에서 프로젝트 컴파일 모드를 Debug 모드로 한다. VisualStudio 좌측의 Solution Explorer에서 "ALL_BUILD"를 찾아 오른쪽 클릭해서 빌드한다. 시간이 꽤 소요되며 빌드가 완료될 때까지 기다린다.

그림 부록 1-6 VTK 소스 코드 빌드

③ 》 에러 없이 VTK 프로젝트의 빌드가 완료되면, 좌측의 Solution Explorer에서 "INSTALL" 프로젝트를 선택하고 오른쪽 클릭하여 빌드한다.

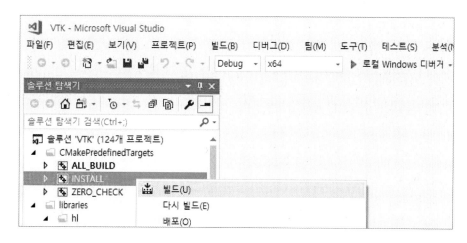

그림 부록 1-7 VTK 소스 코드 인스톨

※ INSTALL 빌드 과정을 통하여 ~₩cmake-bin 폴더에 빌드된 결과 파일들이 각각 ~₩Debug 폴더(예 D:₩SDK₩vtk-8.0.0₩Debug) 하위의 bin, cmake, include, lib, share에 복사된다.

④ 》 VTK 프로젝트를 Release 모드로 변경하고 ALL_BUILD 및 INSTALL의 빌드를 수행하면, ~₩Release 폴더 하위에 결과 파일들이 생성된다.

그림 부록 1-8 릴리즈 모드용 라이브러리를 위한 VTK 빌드

※ 만일 옵션을 변경하고 싶으면 CMake에서 옵션을 변경하여 프로젝트를 다시 빌드한다.

5 »» VTK 설치는 완료되었지만, 프로젝트에서 VTK 라이브러리 링크를 설정할 때 유용한 팁을 소개한다. VTK 설치 시 100개 이상의 라이브러리 파일이 생성되는데, 다음과 같은 방법을 쓰면 일일이 타이핑하지 않아도 한 번에 라이브러리 목록을 만들 수 있다. 윈도우 탐색기에서 ~\Debug\lib 폴더로 이동하여 파일이 아닌 빈 공간에 Shift+마우스 우클릭을 하여 "여기서 명령 창 열기"라는 메뉴를 실행한다.

그림 부록 1-9 명령창 열기 메뉴

명령창에 "dir /b *.lib > list.txt"라는 명령을 입력하면 모든 라이브러리 파일 목록을 포함하는 list.txt 파일이 생성된다. 이 파일을 열어서 텍스트를 복사하면, 이후 독자가 원하는 개별 프로젝트 설정 시, 손쉽게 라이브러리 목록을 프로젝트 속성에 추가할 수 있다.

그림 부록 1-10 라이브러리 목록 파일 생성 명령

GDCM 설치법

1   GDCM 다운로드

GDCM은 DICOM 의료 영상을 처리하는 기능을 모아 놓은 라이브러리이다. SourceForce.net의 Grassroots DICOM 페이지(*https://sourceforge.net/ projects/gdcm/*)에서 gdcm-2.8.0.tar.gz 파일을 다운로드한다.

그림 부록 2-1 GDCM 다운로드 화면

2 GDCM용 폴더 생성 및 복사

① 》 　GDCM 파일들을 모아 놓을 폴더(예 D:\SDK\gdcm-2.8.0)를 생성하고 다운로드 받은 압축 파일을 풀면 gdcm-2.8.0이라는 폴더가 생성되는데, 부모 폴더 이름과 중복되는 이름이므로 혼란을 피하기 위해 "src"라는 이름으로 수정한다. 그리고 CMake 실행 후, 해당 PC의 개발 환경(Operating System, VisualStudio 버전 등) 및 옵션에 맞추어 VTK 프로젝트가 생성될 폴더를 "cmake-bin"이라는 이름으로 생성한다.

※ 폴더 경로가 반드시 저자의 방법과 같을 필요는 없으며, 이후 본서에서는 각각의 폴더를 ~\src, ~\cmake-bin으로 표기하기로 한다.

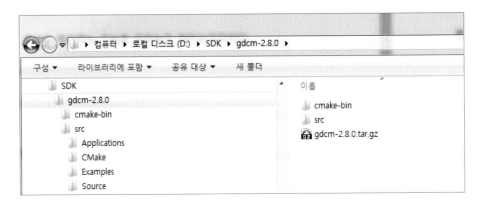

그림 부록 2-2　GDCM 설치 폴더 경로

3   CMake 설치 및 옵션 설정

1 » CMake를 실행하여 상단의 source와 cmake-bin 경로를 설정한다.

● "Where is the source code" : ~\src

● "Where to build the binaries" : ~\cmake-bin

그림 부록 2-3 CMake 경로 설정

2 » 하단의 "Configure" 버튼을 누른 후, 해당 플랫폼을 선택한다. 저자는 Windows7 64bit OS 및 VisualStudio2013을 사용하고 있으므로, 아래 그림과 같이 선택하였다.

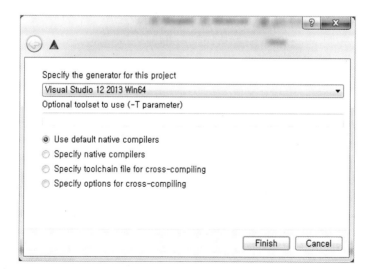

그림 부록 2-4 CMake 플랫폼 설정

(3) ≫   1차로 해당 코드가 생성되기를 기다린 후, 중간 부분의 "Advanced"를 선택하여 고급 옵션까지 표시한다.

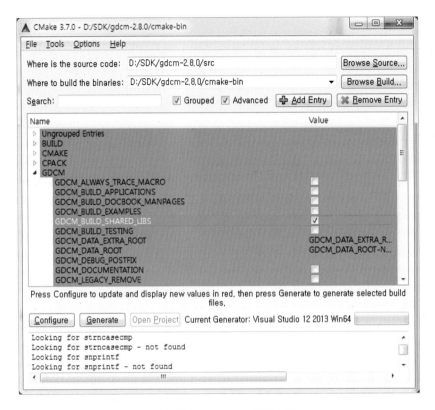

그림 부록 2-5 CMake 옵션 설정

(4) ≫   중앙에 붉은색으로 표시된 값들 중 필요 항목을 다음과 같이 바꾸어 준 후, "Configure" 버튼을 다시 클릭한다.
- "GDCM_BUILD_DOCBOOK_MANPAGES" ➡ OFF
- "GDCM_BUILD_SHARED_LIBS" ➡ ON(DLL 생성)
- "GDCM_USE_VTK" ➡ ON(vtk 관련 모듈 생성)
- "CMAKE_INSTALL_PREFIX" ➡ D:/SDK/gdcm-2.8.0/${BUILD_TYPE}
        (GDCM 설치 폴더에 /${BUILD_TYPE}를 덧붙인다. 이 명령어는 추
        후에 인스톨 시 Release/Debug와 같은 Visual Studio 구성 폴더로
        자동 변경된다.)

(5) ≫   업데이트된 CMake 옵션 중 다음 항목을 수정한 후 "Configure" 버튼을 클릭한다.

"VTK_DIR" ➡ D:/SDK/vtk-8.0.0/cmake-bin(vtk 설치 시 사용했던 VTK.
sln 파일이 존재하는 프로젝트 폴더를 연결한다. vtk 클래스를 상속받
는 vtkGDCM~ 클래스를 생성하기 위해 필요하다.)

6 » 　버전에 따라 "Configure" 버튼을 눌렀을 때, 결과창에 붉은색으로 많은 경고가
표시될 수 있다. 대부분의 경우 경고는 크게 신경쓰지 않아도 되므로, CMake의
Options – Warning Messages 메뉴를 클릭하여 Developer Warnings를 체크
하여 무시한다.

그림 부록 2-6 CMake 경고 표시 설정

7 » 　더 이상 붉은색으로 표시된 항목 없이 Configuring이 완료되면 "Generate" 버
튼을 눌러 코드를 생성한다. 즉 Configuring 작업은 사용자에게 필요한 VTK 옵
션 세팅을 하는 작업이며, Generate 버튼을 눌러 생성된 코드는 ~Wcmake-bin
폴더에서 확인할 수 있다.

4　GDCM 빌드

~Wcmake-bin 폴더에 생성된 소스 파일을 빌드하는 과정이다.

① >>>　~Wcmake-bin 폴더에 생성된 "GDCM.sln" 파일을 더블 클릭하여 VisualStudio
를 실행한다.

② >>>　VisualStudio에서 프로젝트 컴파일 모드를 Debug 모드로 한다. VisualStudio
좌측의 Solution Explorer에서 "ALL_BUILD"를 찾아 오른쪽 클릭해서 빌드한다.

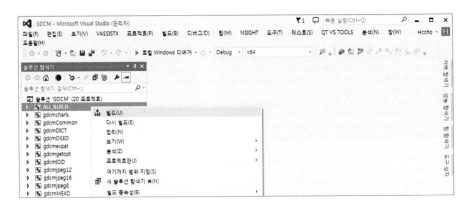

그림 부록 2-7　GDCM 소스 코드 빌드

③ >>>　에러 없이 VTK 프로젝트의 빌드가 완료되면, 좌측의 Solution Explorer에서
"INSTALL" 프로젝트를 선택하고 오른쪽 클릭하여 빌드한다.

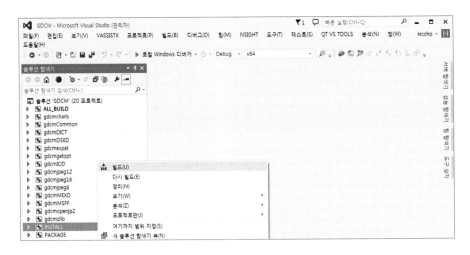

그림 부록 2-8　GDCM 소스 코드 인스톨

※ VTK 설치 경로 문제로, INSTALL 빌드 시에 에러가 발생할 것이다. 이를 해결하기 위해, ~Wcmake-bin 폴더에 위치한 cmake_install.cmake 파일을 VisualStudio를 이용하여 연다.

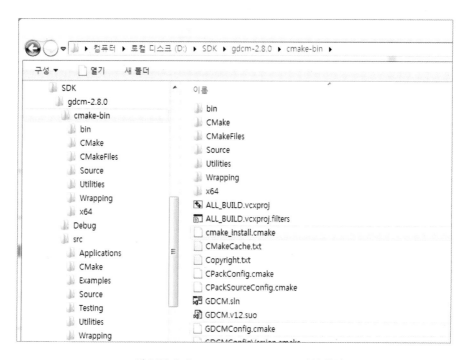

그림 부록 2-9 cmake_install.cmake 파일 위치

그리 길지 않은 코드 내에서 링크할 VTK 관련 DLL을 포함해 주는 곳을 찾을 수 있다. 예를 들어 "D:/SDK/vtk-8.0.0/cmake-bin/../../../bin/vtkCommonCore-8.0.dll"과 같이 잘못된 VTK DLL 위치를 포함하고 있는데, 이 부분을 실제 VTK DLL이 설치된 폴더(예 "D:/SDK/vtk-8.0.0/${CMAKE_INSTALL_CONFIG_NAME}/bin/vtkCommonCore-8.0.dll")로 변경해 주어야 한다. 파일 내에 포함된 모든 VTK DLL에 대해 폴더 위치를 변경해 주어야 하며, VisualStudio의 찾기/바꾸기 기능(Ctrl+H)을 이용하여 D:/SDK/vtk-8.0.0/cmake-bin/../../../bin을 D:/SDK/vtk-8.0.0/${CMAKE_INSTALL_CONFIG_NAME}/bin으로 변경하면 쉽게 모두 바꿀 수 있다. 모두 바꾼 후에 INSTALL 프로젝트를 다시 빌드한다.

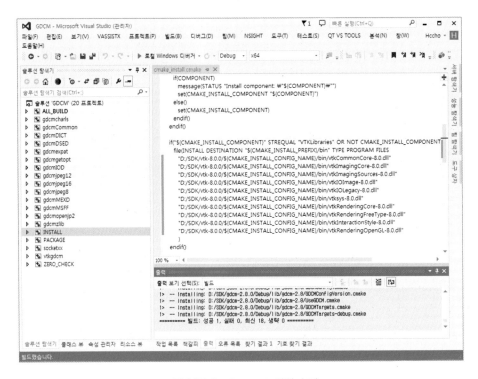

그림 부록 2-10 vtk dll 위치 수정

※ INSTALL 빌드 과정을 통하여 ~₩cmake-bin 폴더에 빌드된 결과 파일들이 각각 ~₩Debug 폴더 하위의 bin, cmake, include, lib, share에 복사된다.

④ >> 이제, GDCM 프로젝트를 Release 모드로 변경하고 ALL_BUILD 및 INSTALL 의 빌드를 수행하면, ~₩Release 폴더 하위에 결과 파일들이 생성된다.

※ 만일 옵션을 변경하고 싶으면 CMake에서 옵션을 변경하여 프로젝트를 다시 빌드한다.

주요 DICOM 태그

태그 이름	태그 주소	타입	설 명
Patient's Name	(0010,0010)	2	환자 이름
Patient ID	(0010,0020)	2	환자 ID
Patient's Birth Date	(0010,0030)	2	환자 생년월일
Patient's Sex	(0010,0040)	2	환자 성별
Study ID	(0020,0010)	2	Study ID
Study Date	(0008,0020)	2	Study를 시작한 날짜
Study Time	(0008,0030)	2	Study를 시작한 시간
Series Number	(0020,0011)	2	Series 번호
Modality	(0008,0060)	1	CT, MRI 등의 장비 타입
Instance Number	(0020,0013)	2	이미지 번호
Rows	(0028,0010)	1	행 개수
Columns	(0028,0011)	1	열 개수
Bits Allocated	(0028,0100)	1	한 픽셀 당 사용된 저장 공간(bit)
Pixel Spacing	(0028,0030)	1	픽셀 중심점 사이의 거리(mm)
Image Orientation (Patient)	(0020,0037)	1	이미지의 가로 방향 및 세로 방향
Image Position (Patient)	(0020,0032)	1	왼쪽 첫 번째 픽셀의 중심 위치
Slice Thickness	(0018,0050)	2	슬라이스 두께(mm)

❖ 출처: DICOM 표준 (*http://dicom.nema.org/standard.html*) – 전체 태그 목록과 자세한 정보는 표준 문서에서 찾을 수 있음.

DICOM 태그 타입 종류

- Type1 : 항상 생성되어 값이 입력되어야 함
- Type1C : Type1의 조건에 따라 사용이 결정됨
- Type2 : 항상 생성되지만 Null 값이 입력될 수 있음
- Type2C : Type2의 조건에 따라 사용이 결정됨
- Type3 : 사용되지 않을 수 있음

기타 VTK 프로그래밍 팁

(1) 매크로 및 스마트 포인터

VTK의 클래스들은 객체 지향형 구조로 개발되었다. 또한 다음 VTK의 함수들 중 상당수가 코드 2.4에 보이는 것처럼 매크로(macro)를 사용하여 개발되었음을 확인할 수 있다.

🔧 코드 2.4

```
vtkSetMacro(Tolerance,double);
vtkGetMacro(Tolerance,double);
➜
virtual void SetTolerance(double);
virtual double GetTolerance();
```

VTK 프로그래밍 시, VTK의 object를 사용하는 경우 reference counting에 신경을 써야 한다. 코드 2.5에 VTK 클래스의 New 함수와 Delete() 함수를 사용하여, VTK object를 사용하는 예시를 보였다. 메모리 누수(memory leakage)를 방지하기 위하여, 해당 object를 생성하고 사용한 후에는 Delete() 함수를 반드시 호출하여야 한다.

🔧 코드 2.5

```
vtkObjectBase* obj = vtkExampleClass::New();      // Reference count = 1
otherObject->SetExample( obj );        // Reference count = 2
obj->Delete();           // Reference count = 0
```

이렇게 VTK obejct를 사용한 후에 일일이 Delete() 함수를 호출하는 대신, 스마트 포인터(Smart Pointer)를 사용하여도 된다. "vtkSmartPointer"는 자동으로 Reference counting을 관리하여 준다. "vtkSmartPointer"의 사용 예시는 다음의 코드 2.6과 같다.

코드 2.6

```
vtkSmartPointer<vtkObjectBase> obj = vtkSmartPointer<vtkExampleClass>::New();
otherObjtect->SetExample( obj );
```

(2) 프로그래밍 언어 간의 변환

인터넷의 예제 또는 VTK 원서를 보면 VTK의 코드들이 많은 경우 Tcl 등으로 제공되는 것을 발견할 수 있다. C++에만 익숙한 사용자의 경우 Tcl, Java, Python으로 이루어진 VTK 예제 코드들에 익숙하지 않을 수도 있지만, 다음의 예시와 같이 C++와 매우 유사함을 확인할 수 있다. 따라서 Tcl 등으로 된 VTK 예제들도 무리 없이 참고하길 바란다.

코드 2.7

```
C++:       anActor->GetProperty()->SetColor(red, green, blue);
Tcl:       [anActor GetProperty] SetColor $red $green $blue
Java:      anActor.GetProperty().SetColor(red, green, blue);
Python:    anActor.GetProperty().SetColor(red, green, blue)
```

❖ 참고문헌

1. The Visualization Toolkit Textbook (4th edition), (Publisher: Kitware, Inc.)

2. The VTK User's Guide (Publisher: Kitware, Inc., ISBN-13: 978-1-930934-23-8)

3. Alan Watt, 3D Computer Graphics, 3/E (ISBN-13: 978-0201398557)

4. Public Wiki, VTK Tutorials, http://www.itk.org/Wiki/VTK_Online_Tutorials

5. John T. Bell, Visualization Toolkit Tutorial, http://www.cs.uic.edu/~jbell/CS526/Tutorial/Tutorial.html

6. http://vtkbook.tistory.com/entry/VTK-설치하기-테스트

7. http://www.bioengineering-research.com/vtk/

8. Horn, B. K. P. Closed-form solution of absolute orientation using unit quaternions. Journal of the optical society of America (1976) 4:629-642

VTK 프로그래밍

2017년 9월 10일 인쇄
2017년 9월 15일 발행

저자 : 김영준 · 조현철 · 최진혁
펴낸이 : 이정일

펴낸곳 : 도서출판 **일진사**
www.iljinsa.com

04317 서울시 용산구 효창원로 64길 6

대표전화 : 704-1616, 팩스 : 715-3536

등록번호 : 제1979-000009호(1979.4.2)

값 22,000원

ISBN : 978-89-429-1525-5